化学在行动

生活中的化学

[英] 艾伦 · B.科布 ◎ 著

蔡 彤 ◎ 译

上海科学技术文献出版社
Shanghai Scientific and Technological Literature Press

图书在版编目（CIP）数据

化学在行动．生活中的化学 /（英）艾伦·B. 科布著；蔡彤译．—上海：上海科学技术文献出版社，2025.
—ISBN 978-7-5439-9098-2

Ⅰ．O6-49

中国国家版本馆 CIP 数据核字第 2024DG4668 号

Chemistry in Action

BROWN BEAR BOOKS A Brown Bear Book

Devised and produced by Brown Bear Books Ltd, Unit G14, Regent House, 1 Thane Villas, London, N7 7PH, United Kingdom

Chinese Simplified Character rights arranged through Media Solutions Ltd Tokyo Japan email: info@mediasolutions.jp, jointly with the Co-Agent of Gending Rights Agency (http://gending.online/).

图字：09-2022-1060

责任编辑：付婷婷
封面设计：留白文化

化学在行动．生活中的化学
HUAXUE ZAI XINGDONG. SHENGHUO ZHONG DE HUAXUE
[英]艾伦·B. 科布　著　蔡　彤　译
出版发行：上海科学技术文献出版社
地　　址：上海市淮海中路 1329 号 4 楼
邮政编码：200031
经　　销：全国新华书店
印　　刷：商务印书馆上海印刷有限公司
开　　本：889mm×1194mm　1/16
印　　张：4.25
版　　次：2025 年 1 月第 1 版　2025 年 1 月第 1 次印刷
书　　号：ISBN 978-7-5439-9098-2
定　　价：35.00 元
http://www.sstlp.com

目录

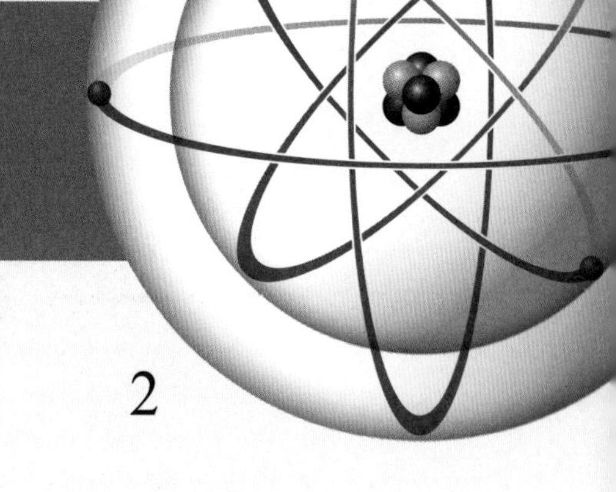

1 工业化学

化学应用和化学反应过程在工业中发挥着至关重要的作用。利用化学反应可以加工提炼石油等原材料来制作日用品。

各行各业都能见到化学的身影，但是化学在石油化学产业中的应用最为普遍。石化产业中，应用化学可以从原油中提取化工产品，其中非常常见的化工产品就是汽油和柴油，此外还有甲烷、丙烷、丁烷、煤油、航空燃料、燃油。石化产业还生产除草剂、杀虫剂、化肥等农业化工产品以及塑料、合成纤维、沥青等其他产品。

石油钻井从海床中钻取石油，石油是微小海洋生物残骸经过腐烂压缩后形成的。

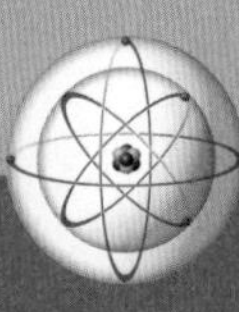

石化产业提取乙烯、丙烯、丁二烯、苯、异戊二烯、二甲苯等基本石油化工物质，这些石油化工物质是制造塑料、橡胶、合成纤维等化工产品的基础。石油化工物质应用于日常生活中的方方面面，我们的日常生活方式也与石化产业密切相关。

化石燃料

应用于交通运输、能源生产、取暖加热等的燃料大多是化石燃料。煤、石油、天然气等化石燃料主要由碳、氢元素构成，因此叫作碳氢化合物。化石燃料存在于地下深处，要经过漫长的时间才能形成。植物残骸长埋于地下，在压力、地热的长期作用下形成坚硬、压缩的“碳”，整个过程要持续数百万年的时间，而这些“碳”就是煤。同样，原油或石油的形成也要花费漫长的时间。海洋生物死亡后沉到海底，随着时间的推移，所有死亡的有机体都埋在海洋沉积物下。高温高压作用下，含碳的有机体会发生化学变化，转化为液态或气态碳氢化合物。这些碳氢化合物的密度低于岩石，会在岩层中向上移动，最后固定在地质构造中。

天然气是石油形成过程中的气态产物。天然气的化学名称是甲烷（CH_4）。甲烷作为燃料可以用来做饭、加热、发电。甲烷本身是一种无味气体，在其中添加硫醇这种有臭味的化学物质后，甲烷才有了气味。在带有灶头的燃气灶周围可能会闻到硫醇的味道，添加硫醇是为了安全，这样一旦发生甲烷泄漏就可以立刻察觉。

▲ 这些船绳的纤维是由塑料尼龙这种合成纤维制成的，塑料产品来自石化产业。粗糙的白色纤维由天然羊毛纤维制成。人们可以制造出与天然纤维性质截然不同的合成纤维。

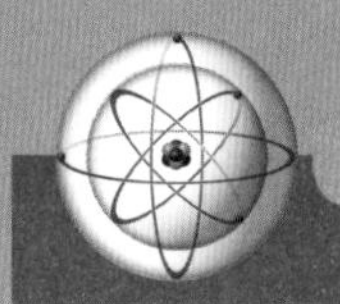

一切化石燃料都要经历漫长的时间才能形成，所以化石燃料是有限资源，一旦消耗殆尽，很长时间都不能在自然界找到其他替代品。描述有限能源的专业词汇是不可再生资源。相反，太阳能、风能等能源取之不尽，因此叫作可再生资源。

可再生能源

可再生能源不会产生污染物等废物，是清洁能源。化石燃料燃烧时，会释放出

▶ 风力涡轮机不会污染环境，不过必须安装在风力稳定的地方。

近距离观察

太阳能电池板

太阳能电池板可以加热生活用水。电池板包含一块黑色金属板，上面覆盖着两张玻璃。水流过金属电池板中的管道，经太阳加热。热水从电池板流出，可以供应日常生活用水。

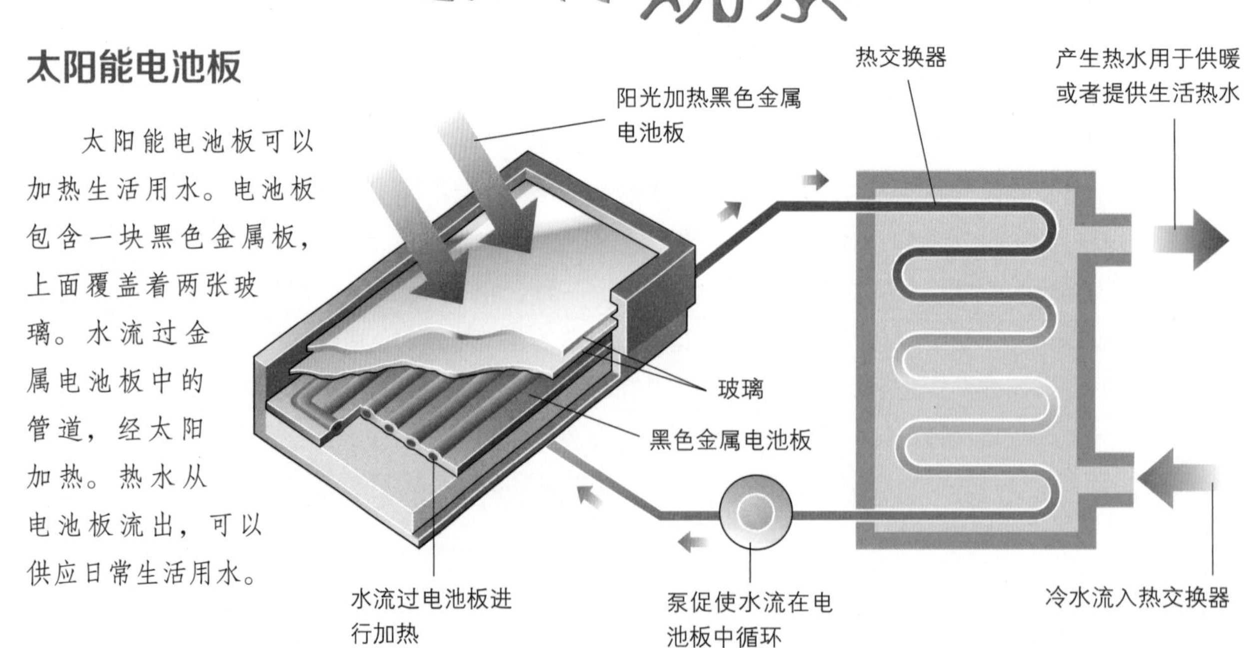

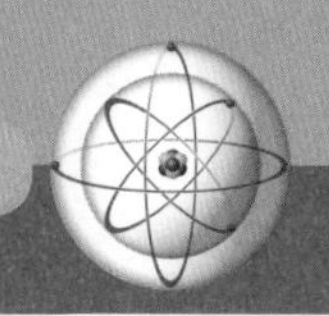

二氧化碳、一氧化碳、硫/氮氧化物（氧和其他元素形成的化合物）。可再生能源包括太阳能、风能、地热能、水能等。生活中可以利用太阳的能量来发电、烧水。太阳能电池能在小范围应用，可以将阳光直接转化为电能。太阳能多应用于太阳能计算器等小型电器，还可以为单个独立房屋提供电力，不过，利用太阳能为整个城市供电则成本过高。

要想进行大规模发电，使用可再生能源比使用化石燃料难度更大。使用不同可再生能源的具体要求有所不同，并不是所有地方都适用。风力发电和水力发电依靠风能或水能来驱动汽轮机发电。要想利用风能或水能发电就必须在风力稳定或水流量大的地方。大型太阳能发电站利用太阳能产生蒸汽驱动汽轮机，前提是阳光充足。地热能利用天然热能产生蒸汽来驱动汽轮机，前提是要有接近地表的地热能来源。在大规模可行解决方案问世前，人类仍将依赖化石燃料。

▼ 热水中的地热能可以产生蒸汽，蒸汽可以驱动汽轮机进行发电。根据这种原理，冰岛的温泉就能为一座城镇提供天然热水。

关键词

- **不可再生能源：** 数量固定而不能被重新置换的自然资源，如石油、煤炭等。这种资源数量有限。
- **可再生能源：** 通过天然作用或人工经营能为人类反复利用的各种自然资源。主要包括太阳能、风能、水能等。

试一试

太阳能烤箱

太阳能可以释放很多热量，但你知道可以利用太阳能做饭吗？只需要设计一个太阳能烤箱，将太阳能集中到食物上就可以完成。

材料： 大比萨盒1个、小比萨盒1个、纸板、旧报纸、铝箔纸、胶带、黑色卡纸、吸管1根、模型陶土、剪刀、一张透明软玻璃或薄玻璃、棉花糖。

1. 在大比萨盒底部铺上一层团起来的报纸。再将小比萨盒放在大比萨盒里，将报纸团起来填满两个盒子间的空隙。裁剪纸板，覆盖住盒子间的报纸后用胶带固定。

2. 在小比萨盒上距离边缘2.5厘米处画一个正方形。沿着正方形边缘，剪开三边形成一个盖子。在小比萨盒四周以及盖子里侧铺上铝箔纸，确保铝箔纸亮面朝外。将黑色卡纸覆盖在小比萨盒的底部。

3. 用一根吸管将盖子支撑起来，吸管两端用模型陶土固定。将透明软玻璃或薄玻璃盖在正方形缺口上。将比萨烤箱放置在阳光下，再将棉花糖放在透明软玻璃或薄玻璃上，确保阳光照在铝箔纸上。

4. 等待棉花糖加热。

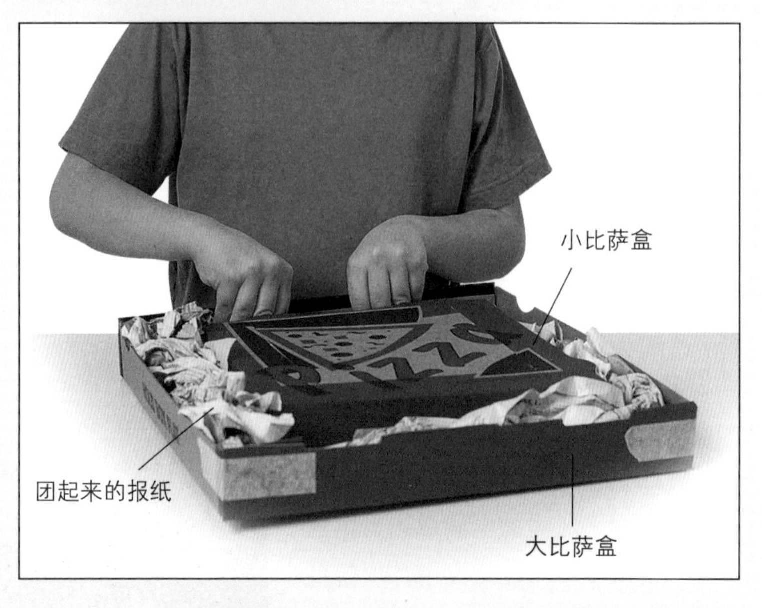

▲ 确保两个盒子之间填满团起来的报纸，从而使小比萨盒子保温效果更好。

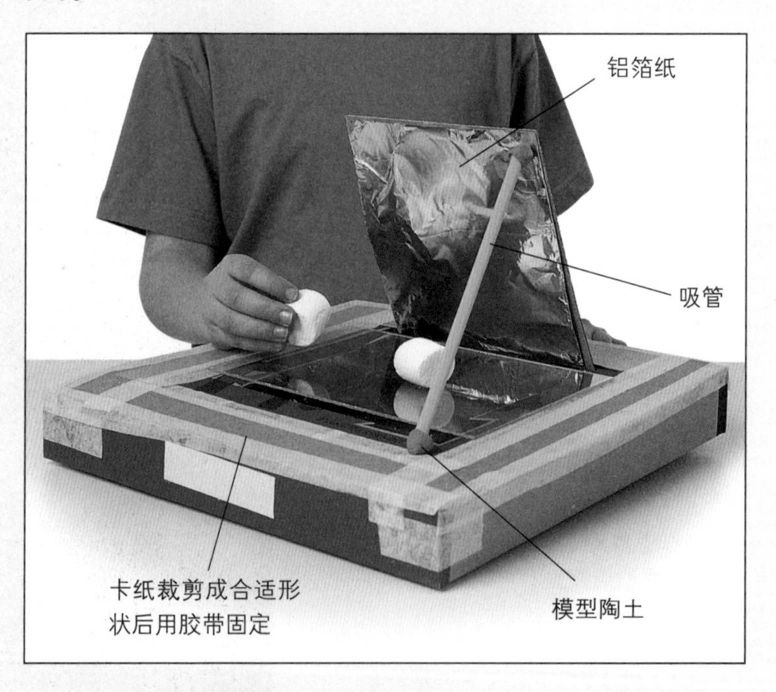

▲ 阳光越充足，比萨烤箱加热效果越好。

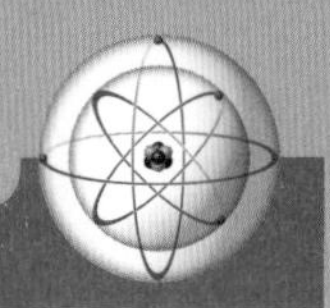

原油

地质学家利用某一地区的详细地质信息来确定原油的位置。一旦找到可能存在原油的位置就会在此开发油井。幸运女神眷顾的话，就可以在开发油井的地方发现并开采原油。未经加工处理的石油叫作原油。原油使用之前必须经过处理。原油质地不同，有的呈透明状，有的质地厚重，为黑色蜡状固体。原油中含有数百种不同比例的碳氢化合物，如石蜡、芳烃、环烷、烷烃、烯烃和炔烃。原油必须经过提炼，才能产出有用的物质。

近距离观察

石油圈闭

石油会在储集层中移动，碰到盖层和遮挡物后停止移动，石油就这样经圈闭收集起来。地质学家要想寻找到可以钻井的地方，就要寻找致使石油圈闭的地质构造。幸运的话，地质学家就能发现已经收集了充足石油的地质构造，在成本控制范围内钻井开采石油。石油圈闭的方式有很多种，图示显示的是最简单的石油圈闭方式。

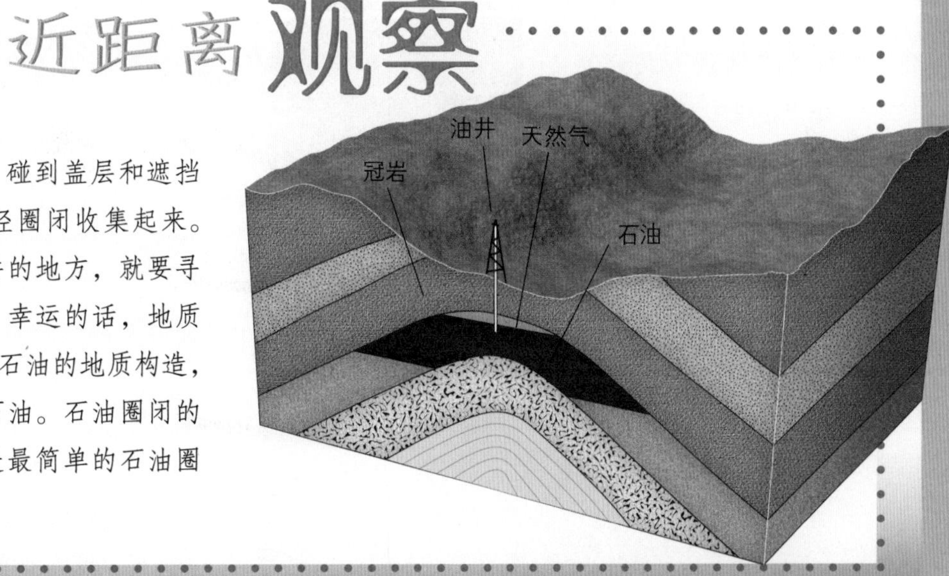

▼ 跨阿拉斯加输油管道将原油从阿拉斯加北坡输送到沿海城市瓦尔迪兹，远跨1 280公里。管道跨越800条大小河流，共建有11个泵站。

近距离观察

分馏

图中展示的是分馏塔，用于分离原油的不同组分。

原油首先经蒸汽过热变成气体，然后气态原油进入到分馏塔中，在上升时经过冷却，这样不同的组分就会冷凝收集起来。

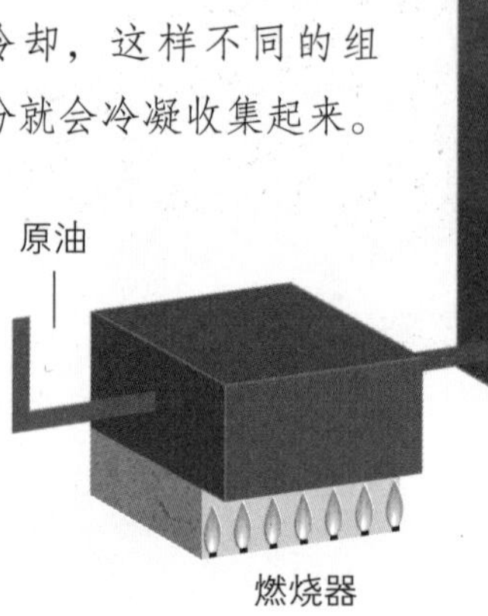

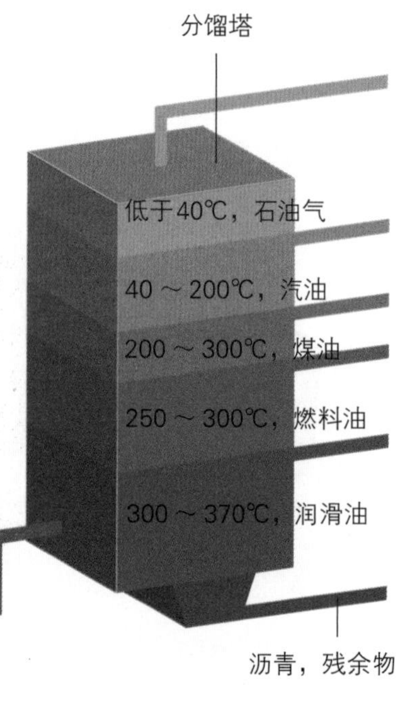

分馏

原油的每种组分沸点都不同。将原油加热到不同温度，每种碳氢化合物就可以以气态的形式单独提取出来，这个过程就叫作分馏。从甲烷等最轻的组分开始气化。随着温度升高，较重的组分汽化后也被收集起来。经过简单的分馏过程，原油就被分离出了不同的组分或馏分。

转化过程可以增加汽油等特定化工产品的产量。转化过程可以将分馏过程中价值较低的馏分转化为价值较高的馏分。转化过程包括热裂解、催化裂解、聚合反应，其中聚合反应可以生产塑料。

裂解

石油馏分裂解涉及温度、压强、时间等要素。热裂解会将特定馏分暴露在高温高压环境下，导致原子分裂后组合成不同的分子。催化裂解作用结果与石油馏分裂解相同，唯一的不同就是要利用催化剂来加快裂解反应速度。两个过程都要精准控制温度和压强。

分馏裂解后，要对不同的馏分进行处理以去除杂质。不需要的馏分去除后，剩余每种馏分冷却后与其他馏分混合，从而产生特定化工产物。混合过程会产生不同等级的汽油和柴油，不同类型、不同比重的润滑油，不同等级的航空燃料，以及生产塑料的原材料。

关键词

- **裂化**：在高温或催化剂存在条件下，大分子烃裂解成小分子烃的反应。
- **分馏**：利用混合物中化学成分沸点不同进行分离的一种方法。

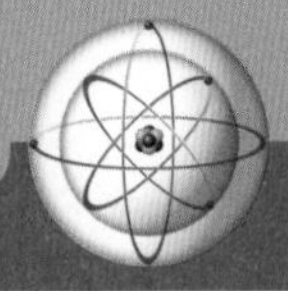

▲ 塑料由石化产品制成。用皮划艇举例，过去制作皮划艇都使用木材、兽皮等天然材料，而现在制作皮划艇普遍使用塑料。

塑料

石化产品最大的应用产业就是塑料产业。塑料性能理想，用途广泛。塑料可以塑形、模压、铸造、加工成许多形状。不同的塑料性能也不同。有的塑料柔软易弯折，有的塑料坚硬不易弯折。

塑料都是聚合物，而聚合物是长链原子。长链原子由叫作单体的重复原子集合而成。大多数单体都由碳组成，但也有一些单体含有氮、氧、氯或硫。单体的化学组成也会影响聚合物的性能。

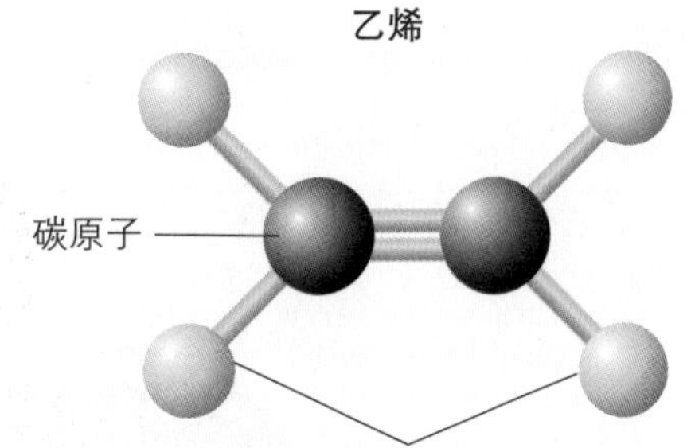

◀ 单体乙烯是由两个碳原子和四个氢原子组成的。

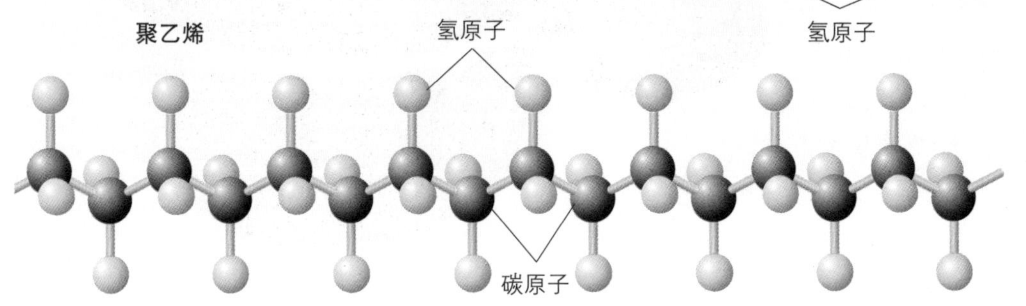

◀ 聚乙烯塑料是由许多乙烯分子连接形成的一条长链。此处图示只显示了长链的一小部分，现实中聚乙烯塑料长链会更长。

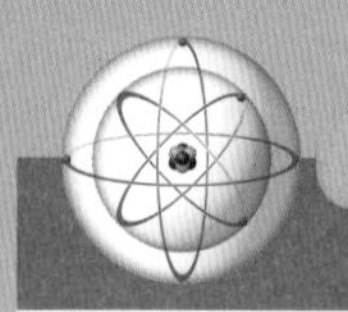

尼龙是由碳、氢、氮、氧元素组成的塑料。美国化学公司杜邦在1939年的纽约世界博览会上将尼龙引入了大众视野。尼龙是一种易弯曲却又很结实的长合成纤维。尼龙早期用途是制作牙刷刷毛，代替丝线制作丝袜。现在尼龙用于制造织物、齿轮等产品。

另一种常见塑料制品是合成橡胶。天然橡胶来自橡胶树的汁液。随着汽车的普及，橡胶种植园供应的橡胶不足以满足制作轮胎需要的橡胶量。1935年，一位德国化学家首次制造出一种合成橡胶来替代天然橡胶。现如今，合成橡胶的产量远远超过了过去天然橡胶的总产量。

▶ 古典吉他的琴弦一般由尼龙制成，十分结实耐用。尼龙纤维还用于制作衣服、绳子、降落伞的面料。

化学在行动

特氟龙

特氟龙是氟和乙烯的聚合物，也称作聚四氟乙烯（PTFE）。1938年，化学家罗伊·J. 普朗克特（1910—1994）在杜邦实验室研究一种新型制冷剂时意外发现了特氟龙。特氟龙具有不黏性，可以用于制作不同种类的涂层。特氟龙作为涂层最早成功应用于制作炊具涂层。特氟龙涂层炊具的不黏性表现十分出色。特氟龙的摩擦系数比其他任何固体都要小，常用于制作经常滑动的物品涂层，如轴承、齿轮等物品，来保证表面的光滑度。

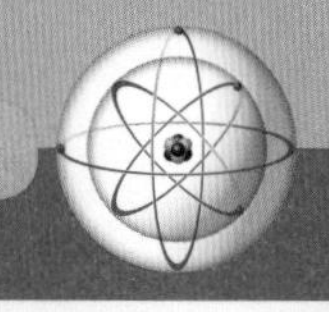

聚对苯二甲酸乙二醇酯

HDPE 2 高密度聚乙烯

V 3 聚氯乙烯

LDPE 4 低密度聚乙烯

PP 5 聚丙烯

PS 6 聚苯乙烯

其他塑料

▲ 回收标志用于识别不同类型的塑料，以便进行分类回收。图示从左到右依次是：聚对苯二甲酸乙二醇酯、高密度聚乙烯、聚氯乙烯、低密度聚乙烯、聚丙烯、聚苯乙烯以及其他塑料。

塑料回收

塑料十分耐用且降解速度很慢，这些特性使得塑料在广泛应用的同时，也产生了很多问题。塑料制品用完丢弃后，可能需要花费几百年的时间才能降解。解决这个问题的办法就是塑料回收。现在塑料上都标有回收代码。这样，类似的塑料就可以放在一起回收。塑料回收不仅减少了生产塑料所需石化产品的数量，还减少了垃圾填埋场的垃圾数量。

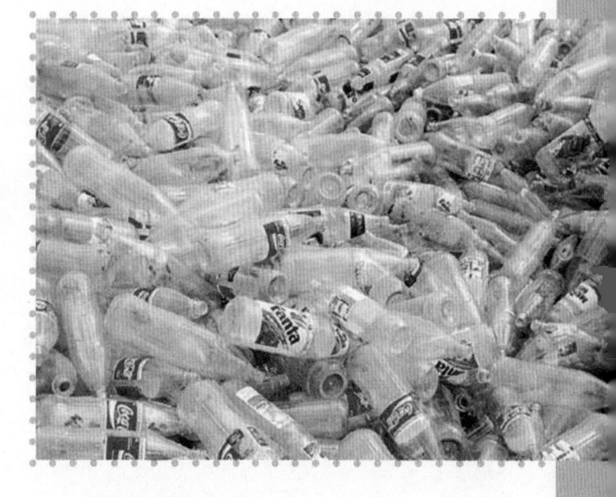

▲ 这些塑料瓶都是用聚对苯二甲酸乙二醇酯制成的，已经进行了分类回收。

化学工程

化学工程是设计工业生产中所进行的化学反应过程的一门学科，仅有100多年的历史。化学工程领域出现前，化学过程是成批进行的，这样经常导致最终生成的产品与预期不符。因为化学反应结果的不稳定性，于是不能完全依赖分批化学反应过程。为了化学反应过程标准化从而产生一致的化学反应结果，化学工程学应运而生。

化学工程的目标是控制单元操作并遵循成本效益原则，这样就能保证化学反应结果统一，且生产成本较低。为了达到目标，化学工程师需要了解化学反应的细节，并设计化学反应所需的原料。

化学工程之父乔治·戴维斯

乔治·戴维斯（1850—1907）是一名英国的碱检查员。他的工作就是检查碱加工设施，监督设施是否符合环境污染法规。工作性质的原因，他去过许多不同的工厂，使用了很多不同的化学工艺，其中有些工厂也是那个时代的化学工程奇迹，但是化学反应过程仍然存在问题。戴维斯敏锐地洞察到了要将传统工程实践和化学结合起来，创造化学工程领域。1887年，戴维斯做了一系列有关化学工程的讲座。不久之后，麻省理工学院设置了第一门以“化学工程”命名的学士学位课程。

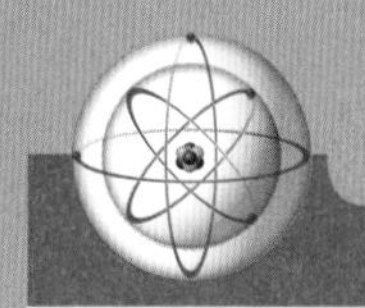

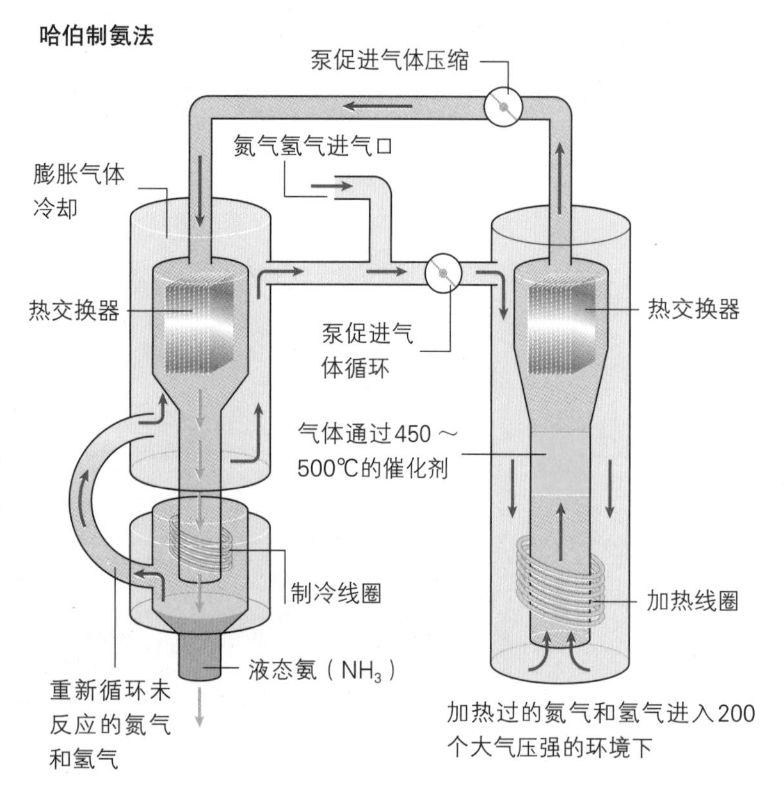

◀ 哈伯制氨法利用氮气和氢气来制造氨。首先混合氮气和氢气，然后压缩。压缩后的混合气体经过加热，通过催化剂来加速反应。反应产生的气体就是氨（NH_3）、氢气、氮气的混合物。

▼ 弗拉施发明了可以从天然地下沉积物中提取硫黄的方法。

从实验室到工厂

在工厂中生产化工产品与在实验室中生产差别很大。在实验室里，反应容器小，化学物质的量也少。在工厂里，反应必须大规模进行，才能生产足够多化工产品。不同的化工反应过程每天都在进行。四种重要的化工反应过程是哈伯制氨法、弗拉施法、接触法和索尔维制碱法。

哈伯制氨法

哈伯制氨法是氮和氢反应生成氨的过程。理论上的反应原理十分简单。

$$N_2(g)+3H_2(g) \longrightarrow 2NH_3(g)$$

不过化学反应需要用到催化剂铁来加快化学反应速率。化学反应是在高压和高温环境下进行的。氨只占化学反应产物的10%～20%。德国化学家弗里茨·哈伯（1868—1934）于1908年为这一化学工艺申请了专利。现在这个化学反应用于化肥行业生产不溶于水的无水氨、硝酸铵（NH_4NO_3）、尿素（CON_2H_4）。

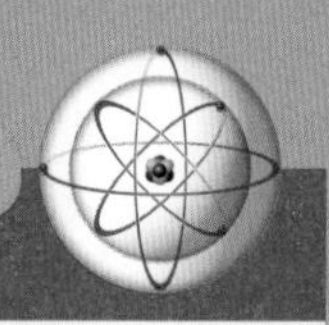

弗拉施法

硫是重要的化学物质，应用范围十分广泛，从炸药到化肥均有涉及，还可以生产许多化学反应工程都会应用到的硫酸。弗拉施法可以制取硫。1867年，在得克萨斯州和路易斯安那州的流沙下发现了硫黄矿。美国化学家赫尔曼·弗拉施（1851—1914）发明了开采硫的简单方法。

利用弗拉施法，在地表钻一个洞延伸到地下硫黄矿中。在洞中放置一根大管子，其中还包含很多小管子。通过管道将蒸汽泵入硫黄矿中，加热硫黄直至熔化。压缩空气进入管道中，熔化的硫黄就会从管道流出。到达地表后，硫又凝固成固体。弗拉施法产生的硫纯度可以达到约99%。

▼ 接触法生产硫酸（H_2SO_4）。

1. 首先，燃烧干硫黄生成二氧化硫（SO_2）气体。
2. 在450℃左右的温度下，高温二氧化硫气体与氧气反应生成三氧化硫（SO_3）。
3. 然后将三氧化硫溶解在浓硫酸中形成发烟硫酸（$H_2S_2O_7$）。
4. 最后加水稀释产生硫酸。

接触法

许多工业反应都会用到浓硫酸。1831年，英国醋商佩里格林·菲利普斯为接触法申请了专利。接触法是生产硫酸最经济的方法，至今仍在使用。在200个标准大气压，450℃的环境下产生二氧化硫（SO_2）后，二氧化硫经过催化氧化反应变成三氧化硫（SO_3），反应中用到的催化剂是氧化钒。将三氧化硫加入浓硫酸（H_2SO_4）中会形成一种叫作发烟硫酸（$H_2S_2O_7$）的液体。然后将水加入发烟硫酸中就可以制成硫酸。

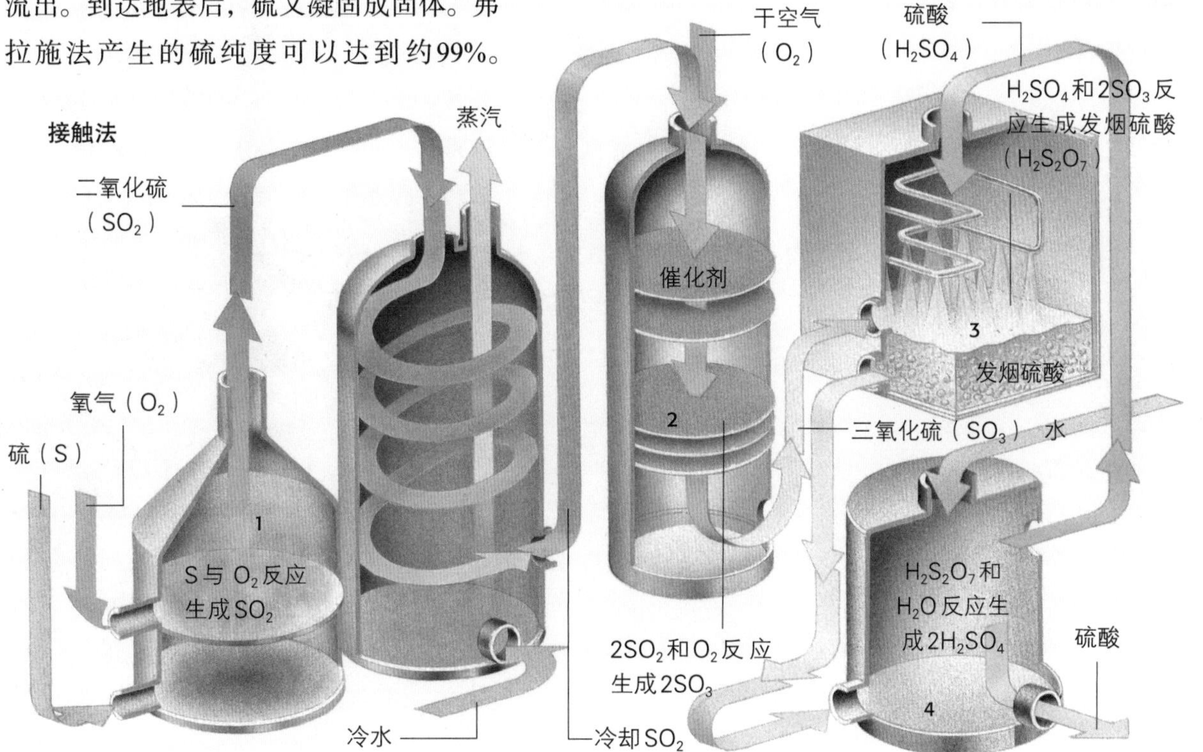

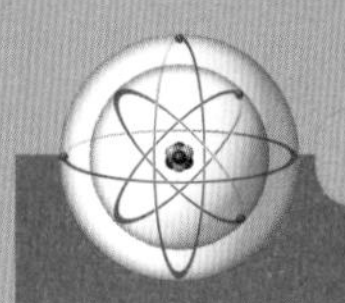

索尔维制碱法

索尔维制碱法工业过程用于生产纯碱（碳酸钠，Na_2CO_3）。1861年，比利时化学家欧内斯特·索尔维（1838—1932）发明了索尔维制碱法。索尔维制碱法利用氯化钠（NaCl）和碳酸钙（$CaCO_3$）生产碳酸钠。碳酸钙溶解在含氨的盐水溶液中，在盐水溶液中通入二氧化碳，碳酸氢钠会沉淀析出。加热碳酸氢钠会将其分解成碳酸钠和二氧化碳。

生产的碳酸钠约一半都用于玻璃制造，其余用于制造肥皂、洗涤剂、造纸等。除美国外，全世界都在应用索尔维制碱法。而美国怀俄明州发现的碳酸钠矿床开采碳酸钠成本更低廉、更容易。

▼ 利用索尔维制碱法可以生产碳酸钠。碳酸钙（$CaCO_3$）溶解在充满氨（NH_3）（2）的盐水（1）中。向反应塔（3）中的混合物通入二氧化碳（CO_2），产生碳酸氢钠（$NaHCO_3$）（4），也称小苏打。加热碳酸氢钠会产生碳酸钠（Na_2CO_3）和二氧化碳。

索尔维制碱法

废气
废气
碳酸钙（$CaCO_3$）
碳酸钙溶解在充满氨的盐水中
2
反应塔
3
二氧化碳（CO_2）
水
箱
1
4
盐水（氯化钠溶于水）
充满氨的盐水
氨
水
加热
加热
5
加热
碳酸氢钠（$NaHCO_3$）
碳酸钠（Na_2CO_3）
碳酸氢钠（$NaHCO_3$）
碳酸钠（Na_2CO_3）
碳酸（Na

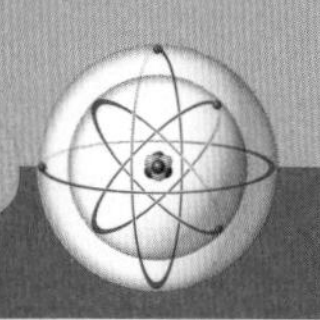

化学在行动

玻璃制造

3 500多年来，制造玻璃的化学过程几乎没有变化。玻璃的主要成分是硅石。硅石的常见来源是二氧化硅或沙子。硅的熔点约为2 000℃。加入18%左右的碳酸钠可将熔点降低至1 000℃。加入碳酸钙可以让玻璃更能抵抗化学风化。玻璃熔化后倒入不同的模具中可以塑造不同的形状，然后经过进一步加工，可以制成各种各样的玻璃制品。

加入氧化铅（PbO）而非石灰可以制作一种叫作水晶玻璃的装饰性玻璃。

沙子（SiO_2）

石灰石（$CaCO_3$）

碳酸钠（Na_2CO_3）

玻璃经过退火加热、缓慢冷却来增韧降低脆性。

料斗混合机

冷却

熔融玻璃

燃油炉

空气

燃油

锡液

切割

成品玻璃

▲ 一名技术人员正在监督制造一个大玻璃管。玻璃是一种非常万能的材料，通过加热可以塑造成任意形状。

▲ 碳酸钠在玻璃制造中发挥着至关重要的作用。玻璃的主要成分是沙子（SiO_2），沙子与铅、石灰石、碳酸钠混合而成的混合物经过熔化可以制造玻璃。

化肥

化肥分为有机化肥和无机化肥。有机肥料来自粪便、尿液、泥炭、海藻、鸟粪（海鸟或蝙蝠的排泄物）、矿藏等自然资源。

化学在行动

选择合适的化肥

氮磷钾（NPK）含量数值可以表明化肥的成分。人们一般认为选择氮磷钾含量最高的肥料就是最好的选择，但事实并非如此。不同植物对氮磷钾三种元素的需求也有所不同。下面列出适合不同植物使用的化肥。

通用化肥——可以为所有植物提供基本营养，适合乔木和灌木。

草坪化肥——含有更多的氮元素，适合草坪。

花园化肥——含有更多磷元素来使花朵开花。

菜园化肥——通常氮、磷、钾三种元素所含比例更高，因为蔬菜通常种植相对紧密，所以需要施用更多肥料。

有机化肥为植物提供氮（N）、磷（P）、钾（K）元素，还富含许多植物所需的微量元素。无机化肥是工业合成的，一般只含有氮、磷、钾三种元素，包装上标有NPK含量数值，表示三种元素的含量，但很少含有植物所需的其他微量元素，这也说明土壤中已经存在的微量元素会随着时间的推移而消耗殆尽。无机化肥的原料源自各种化学过程，比如，哈伯制氨法可以制造无机化肥中需要的氨。2004年，全球共生产了1.2亿吨氨，其中80%以上的氨都用作化肥。无水氨可直接添加到土壤中，也可用于生产氮磷钾化肥。

▶ 开花植物需要磷元素才能开花。园丁会在专门促进植物开花的化肥中添加磷元素。

一块土地上会反复耕种生长庄稼，有些耕作方法会让土地在一到两个生长季节里保持休耕状态。土地在休耕时期可以种植能提升土壤养分的作物。在种植农作物前，植物分解释放出的营养物质会进入到土壤中。

对作物来说，仔细监测和控制土壤健康状态至关重要。过度使用化肥会引发环境问题，过量的化肥会流出农田，进入水道，刺激水生植物和藻类生长，从而堵塞水道，杀死鱼类。

氯碱生产工艺

氯碱生产工艺是将溶解在水中的氯化钠（NaCl）电解，产生氯气、氢气和氢氧

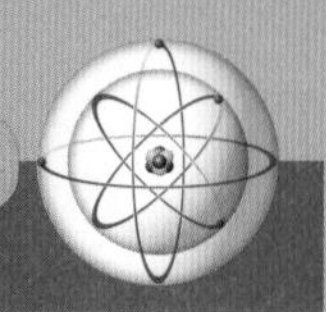

试一试

水的电解

本次实验我们可以自己动手演示水的电解。氯碱生产工艺利用盐水生产氯气、氢气、氢氧化钠。而在本实验中将利用水分解产生氢气和氧气。

材料：一个大玻璃烧杯或玻璃瓶、两根试管或透明小瓶、6伏电池、两根约20厘米长的电线、水、小苏打。

1. 向两杯水中分别加入两汤匙小苏打后搅拌溶解，然后将溶液倒入烧杯或罐子中。

2. 将每根电线的一端放入烧杯或罐子中。

3. 将剩余的溶液倒满每个试管，然后用手指堵住试管开口的一端，将试管倒扣在盛有溶液的烧杯中，最后将每根电线的末端对应放置在试管中。

4. 将电线连接到电池上，观察溶液中每根电线的尖端会发生什么现象。保持反应持续至少五分钟。

▼ 电线连接到电池上，倒置的试管顶部开始产生气体，一个试管产生氧气，另一个产生氢气。

操作后可以注意到两根试管中产生的气体量不同。为什么会有这样的区别呢？（提示：水中一个氧原子对应两个氢原子。）

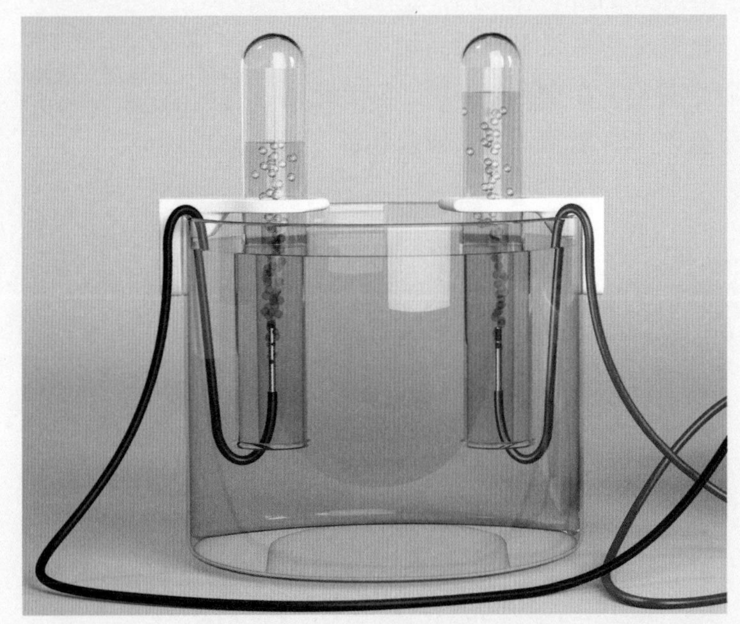

答案

因为水中氢原子的数量是氧原子的两倍，所以会产生更多的氢气。

化钠。这些化学产品会应用在不同的工业过程中。氯碱生产工艺取代了过去使用汞的生产工艺。氯碱生产工艺中在不涉及汞的前提下可产生三种可用化工产品：氯气（Cl_2）、氢气（H_2）和氢氧化钠（NaOH）。反应的化学方程式是：

$$2NaCl + 2H_2O \xrightarrow{电解} Cl_2\uparrow + H_2\uparrow + 2NaOH$$

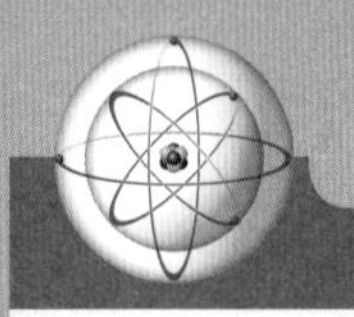

氯气应用于许多化工生产过程，应用最普遍的就是给水消毒，在水处理厂里应用氯气可以杀灭饮用水中的微生物和细菌。这种城市用水消毒的方法非常简单有效。氯也广泛用于给泳池消毒。

氯的另一个常见用途是氯漂白剂——一种用于洗涤衣服的添加剂。氯还广泛出现在纸制品、防腐剂、染料、食品、杀虫剂、油漆、石油产品、塑料、药品、纺织品、溶剂和其他消费品的生产过程中。

氢氧化钠不仅用于食品加工，也用于制皂过程。在食品加工中，氢氧化钠用于生产不含酒精饮料、椒盐卷饼、冰激凌和巧克力，也用于清洗水果和蔬菜。氢氧化钠也用作下水道清洁剂，能够分解堵塞下水道杂质中的复杂蛋白质。由于氢氧化钠能分解化学键，也常用于生产生物柴油——一种由植物油制成的合成燃料。

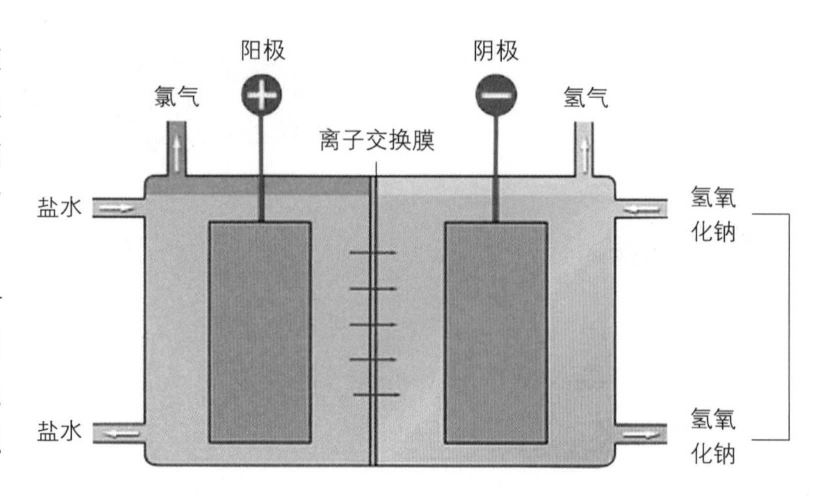

▲ 氯碱生产工艺利用电流通过盐水（蓝色）产生氯气、氢气和氢氧化钠。阳极（正电极）收集氯气，阴极（负电极）收集氢气。氢氧化钠（粉色）进出电解槽，但总体上进入的氢氧化钠会比出去的量多，所以最后会收集到氢氧化钠。

工具和技术

化学效率

化工生产过程必须高效，在浪费最低的前提下产生更多的化工产品。化学生产过程效率的计算公式如下：

效率 =（实际产率）/（理论产率）× 100%

这是测定化学反应效率最简单的方法，效率为90%的流程比效率为20%的流程要优质。不过还有其他因素需要考虑。效率较低的反应可能更划算，成本更低，需要的能源更少，产生副产品更少，或者反应所需化学原料更少。计算成本效益最高的工艺过程会非常复杂。

分析化学

工业中化学家不可缺少。化学工程师设计化工反应过程，检查反应过程开始、进行中、结束时的化工产物，以确保化工反应过程正常进行。几乎每一个使用到化学工艺的工厂中都有化学家监控反应过程。工艺不同，化学家也会使用特定的分析方法。分析化学是对材料进行化学

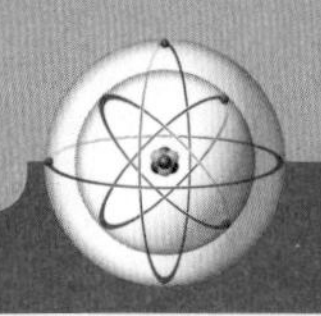

◀ 化学家要对化学样品进行分析。分析化学对确保化学工业顺利运行至关重要。通过分析各种反应过程的化工产品，化学家可以评估反应工艺是否正确有效地进行。

分析，以了解其组成、结构、功能、浓度等性质。分析化学家使用各种仪器和方法来准确地收集信息。在光谱分析中，化学家分析样本发出的光波和无线电波等电磁波。在电化学分析中，会应用到在某些化学物质中产生电反应的装置。在质量分析中，化学家会使用质谱仪来测量物质中单个元素的质量。在热分析中，化学家会在材料温度改变时，研究其物理性质和化学性质。化学家会分析使用这些方法所获得的数据，并与所涉及的材料和工艺的已知标准进行比较，然后评估信息准备报告。化学工程师需要审核报告，必要时会修改化学反应过程。

2 金属与冶金

全球大型产业很多，其中就有金属提取加工业。金属从岩石中提取出来后，需采取一系列化学和物理方式进行加工，然后才能投入使用。

金属可制成各式各样的产品。金属可以弯曲、捶锻、拉伸、塑形，用途广泛。金属不同，性质也不同，而金属性质决定其具体用途。铝用途广泛，可用于制造发动机部件、飞机外壳与结构、易拉罐、铝箔。你会在本章中学习到很多金属知识，了解金属的来源、特性与用途。

金属可以弯曲塑形，制造成许多有用的物体，比如汽车坚固的车身外壳。

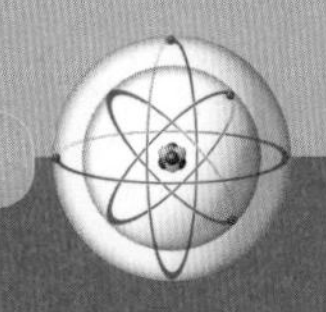

矿产资源勘探

自然界中，很少有金属以原始金属状态明晃晃地为人所发现。大多数金属会与其他元素发生化学反应，形成矿物。矿物是结晶化合物。金属与其他元素混合，某些化学性质可能发生了变化，因此勘探金属困难重重。寻找金属的行为叫作金属勘探，金属勘探工作会应用到多种技术。

过去，勘探者勘探金属资源要么靠迷信要么靠运气。有时勘探者会用探矿棒之类的工具来勘探矿物。这种勘探方法偶尔能成功，但过去勘探矿藏更多是靠运气，能找到也多属巧合。而现如今，矿物勘探的科学程度要比过去高很多。

关键词

- **矿床：**在地壳中经由地质活动形成的、富集有某种矿石而且成集中分布形式存在的矿物资源。
- **地质学家：**从事研究形成地球的物质和地球构造、探讨地球的形成和发展且成绩卓越的科学工作者。
- **冶金学：**研究从矿石等原料中提取金属或金属化合物并加工成具有一定性能和应用价值的金属材料的学科。
- **地震勘探：**通过观测和分析人工地震产生的地震波在地下的传播规律，推断地下岩层的性质和形态的地球物理勘探方法。

▲ 地震勘探可用于收集数据，这张图就是地震勘探计算机生成的地下岩层图。不同颜色代表不同的岩石类型，地震勘探可以探测到在地表无法观测到的构造，在定位矿床时大有裨益。

现代勘探应用多种方法，包括广泛采集地表和地下岩石样本、测量磁场与重力场的变化、地震勘探等，然后仔细分析收集到的数据以确定矿物位置分布。

地质学家使用不同的工具来进行勘探，根据所要寻找的矿物来确定所要使用的具体工具。要勘探放射性矿物，就需要盖革计数器来探测辐射。有些矿物在紫外线照射下会发出荧光，所以紫外线也是勘探工作中使用到的重要工具。

地质学家在进行勘探工作时也要依赖化学。重要的矿物通常都含有特定元素，与所需矿物相关的元素称作探途元素。例如，金矿的探途元素是锑和砷。地质学家可以采集岩石样品进行锑砷元素分析，分析数据有望指引地质学家勘探到金矿。

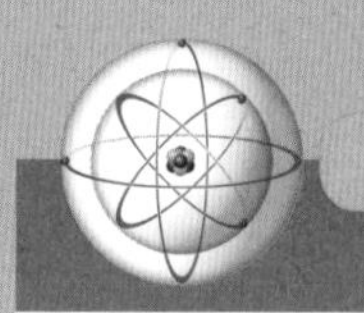

近距离观察

条痕试验

有一种快速识别矿物的试验叫条痕试验。条痕板是一块未上釉的瓷器，矿物在条痕板上摩擦时，会在条痕板表面留下痕迹。痕迹的颜色可能不同于原始矿物样本的颜色，但每种矿物都会留下独特的条痕颜色。地质学家则根据条痕颜色来识别特定矿物。

▼ 黄铁矿，又称“愚人金”，是铁的二硫化物。黄铁矿主要成分为铁与硫。

采矿和矿石提炼

采矿是将有价值的矿物从地下开采出来的过程。有价值的矿物可能存在于矿体、矿脉或矿层中。矿体是含有少量分散在大块岩石上的矿物。矿脉是浓缩的熔融矿物填充周围岩石裂缝冷却后形成的。矿层是包含浓缩矿物的一整层岩石。矿层通常比矿脉范围更广、矿物含量更高。

采矿方式取决于矿物的形成方式和埋藏地点。矿物若是在地表或接近地表的地方发现的，则采取地表采矿。地表采矿或露天开采需要很大的面积。进行露天开采的话，整个地表都要挖开。地表采矿成本相对较低，但可能会引发难以解决的环境问题。

▲ 园中矿石含有红棕色铁矿，矿石需经处理才能得到纯金属。

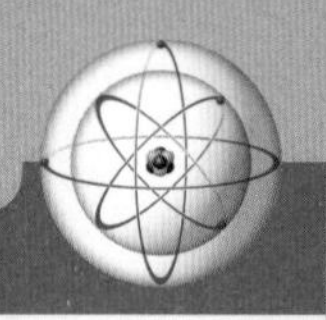

▲ 红色铁矿从地下开采出来后就留下了一个露天坑。

金属与冶金

露天开采可以开采不同的矿物，如煤、油砂、金属等有价值矿物。一般来讲，必须剥离大量的岩石才能开采到矿物，因此，露天采矿中使用到的器械也相当庞大。露天开采费用昂贵，通常只有大规模开采时才会应用。

矿物如果位于地下深处，应用地表开采就不太现实了，于是地下采矿应运而生。要想在地下采矿，就需要特殊的设备。地下采矿可能会遇到岩石崩塌、毒气泄漏等危险，所以地下采矿危险系数可见一斑。不过地下采矿诱发的环境问题往往比露天采矿少。

地下采矿会面临许多问题。首先，设备和操作设备人员必须能够深入地下，于是必须安装通风设备来提供新鲜空气，还需要提供电力保证照明与设施用电。所有开采的矿物都必须从地下运到地表，运送的矿物包括开采的矿物以及夹杂在矿物周围开采出来的岩石。总而言之在矿井里工作危险重重。

化学在行动

矿山酸性废水

金属矿山经常产生酸性矿井水。铁、锌、铜、镍等金属通常以硫化物的形式存在于矿物中，这些金属暴露在空气中就会分解成金属离子和硫化物，硫化物经细菌代谢就会生成硫酸。硫酸从矿井流出，会和重金属物质一起污染当地水道。

▶ 这条河被从上游铜矿流出的酸所污染，酸性物质杀死了河里的一切生物。

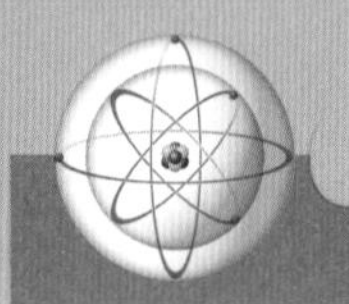

▲ 在地下深处开采煤炭是极其危险的事。必须要小心切割煤层，避免煤层上的岩石层塌陷到隧道中。

提炼矿石与矿物

运用采矿技术将矿物从地下开采出来后，还需要进行加工才能提取出重要的矿物或矿物成分。不同矿物的化学性质和物理性质不同，所采用的提取方法也就不同。要想将金属从矿物中分离出来就需要进行矿石还原反应，最常用的两种还原方法是化学法与电解法。

还原金属矿石的化学法使用如焦炭（从煤中提取的碳）或木炭等还原剂来冶炼矿石，然后将熔化的金属从废料或矿渣中分离出来。这种化学工艺用于提炼铁、铜等金属。用此方法产生的熔融金属非常纯净，可以直接用于其他生产工艺。

电解法是让电流通过矿物来冶炼矿石，也用于从盐中提取金属。金属盐必须是熔融状态或水溶液（溶于水）。电流通过处于熔融状态或水溶液状态的矿物，金属就会开始附着在一个电极上。电解工艺常用于生产铝和镍。

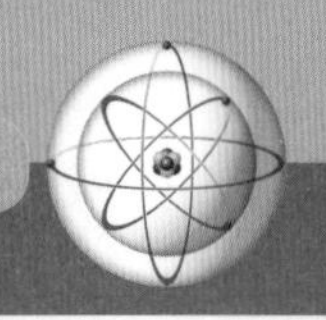

近距离观察

铝加工

霍尔赫鲁特冶炼过程于1886年问世，首次从氧化铝矿中冶炼出了金属铝。将氧化铝与冰晶石（Na_3AlF_6）熔化，然后给熔化的金属加上3 ~ 5伏的电压，电流为15万安培。加工铝需要消耗大量电力，而且铝处理工厂附近要有水电站来获取廉价电力。加工再生铝所耗费的电力大概只占生产新铝所需电力的5%。

▲ 这些管道为位于图片中央的工厂供水，供应的水用来发电，从而可以使用电解法来提取铝。

提取矿物的方法还有很多，采用的方法大多根据矿物的物理性质。一种方法是溶剂提取，用溶剂将矿物从其他材料中溶解出来，所用的溶剂通常是酸。溶剂提取法对提取含有碳酸盐化合物（含CO_3^{2-}）的矿物效果显著。

还有一种方法叫作泡沫浮选法。泡沫浮选利用了矿物的疏水特性。疏水性矿物与水互相排斥，会浮在水溶液顶部的泡沫中。而亲水性矿物与水分子相吸引，会溶于水中。泡沫浮选法常用于提取含有特定类型氧化物与硫化物的矿物。

▼ 浅水池塘用来蒸发含有钾碱的溶液，钾碱是含有钾化合物的混合物。将水泵入地下的钾碱矿床，溶解的钾碱会回到地表进行干燥。

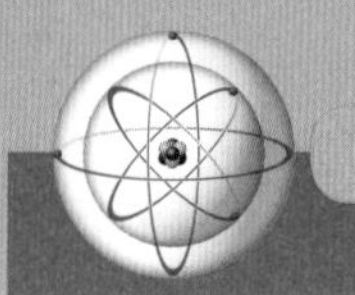

物理分离法也是分离矿物的一种方法。有些矿物可以利用重力分选法分离。重力分选法是根据矿物的相对密度来分离矿物——重的矿物会沉下去，轻的矿物会浮起来。静电分离法利用电荷吸引一些矿物。其他矿物可以使用强磁铁吸引磁性颗粒来分离。

金属的应用

对化学家来说，金属指的是任何容易形成正离子的元素。然而，与采矿相关的金属一般仅限于铁、铜、锌、金、银、锡、铂、铝、钛和镁等金属。这些金属用于制造生活中的日用品。

金属特性不同，金属的应用也有所不同。金属具有延展性、可塑性、导电性和光泽性。这些特性使金属具有广泛的应用前景。

延展性和可塑性是金属的两个相关特性。延展性指的是金属在外力作用下能延伸成细丝而不断裂的能力。铜是电线中最常用的金属。其他金属也因其延展性而广泛应用。铁拉成铁丝可以用来制作链条和

试一试

分离混合物

可以根据矿物的物理性质来分离矿物混合物。下面的步骤可以让你快速掌握具体操作。

材料：沙子、盐、锯末、水。

1. 把沙子、盐和锯末混合在一起。

2. 混合物可以轻松用水分离。加水后锯末就会浮起来，然后仔细将水面上的锯末清理掉。

3. 盐溶于水，但沙子不溶于水。将水倒出，留下沙子，然后在阳光下将水蒸发成蒸汽回收盐。

使用这种简单的方法，混合物的三种成分就可以分离开来。提个问题：你可以认出右侧照片中使用的提取方法吗？

答案

浮选法。

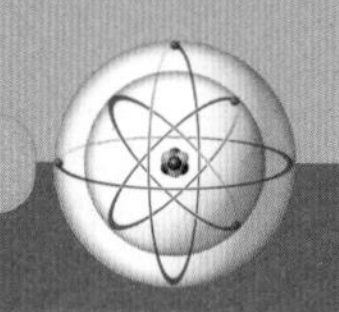

化学在行动

提取黄金

黄金这种金属储量并不丰富，通常以极低的含量与氧或硫等元素以混合物的状态存在于自然界中。从岩石中提取黄金涉及化学提取法的应用。金不溶于水，但溶于氰化物溶液。氰化物是含有一个氮原子的有机酸。将含金量很小的低品位矿石打碎成小块，堆在衬垫上。将弱氰化物溶液倒在矿石堆上。氰化物流动过程中，黄金就会溶解其中。在矿石堆的底部可以收集到含有黄金的溶液。

▲ 淘金工人利用重力将金块从其他石头和沉淀物中分离出来。黄金很重，淘选盘在水里搅动时，黄金就会留在淘选盘里。

与黄金混合的高品位矿石成分不同，加工方法也略有不同。首先将矿石磨成粉末。将含硫和碳的矿石进行高温烘焙，使黄金变成氧化物矿石。低温加热不含碳的硫化物矿石，以去除硫化物，使矿石变成氧化物。氧化物矿石经简单粉碎，然后用氰化物处理高品位氧化矿石以溶解黄金。浆液经过活性炭（经过热处理表面积更大的炭），黄金就会附着在活性炭上，而浆液则会排出。

用另一种氰化物溶液洗涤活性炭，使黄金重新溶解后，就可以回收活性炭。可以通过电解法或用另一种元素的化学取代从溶液中提取黄金。黄金熔炼成含有90%黄金的金条后会送到矿石精炼厂，然后炼成纯度为99.99%的金条。

其他栅栏材料。可塑性是金属在外力作用下发生形变并保持形变的能力。黄金是可塑性最强的金属。1克黄金可以碾成1平方米的薄片。

金属可以导电，然而，金属的传导性并不局限于导电，金属也具有导热性。金属的传导性能与金属内部原子的排列有关。原子紧密地排列在一起，热能就可以通过金属。金属的导热性应用于日常生活的方方面面，例如金属平底锅适合烹饪食物。

金属也有光泽，有光泽的物体可以反射光。光线照射金银首饰时，首饰看上去闪闪发光。可以利用金属的光泽性来制造镜子。在玻璃的一侧涂上一层薄薄的金属涂层，镜子就具有了反射特性。

金属也可以铸造加工成不同形状。金属可用于支撑建筑物。金属大梁的形状可以承受巨大重量，然后用螺栓连接在一起。金属还可以进行焊接。焊接是用熔化的金属珠把金属物体连接在一起，焊接的焊接点非常坚固。

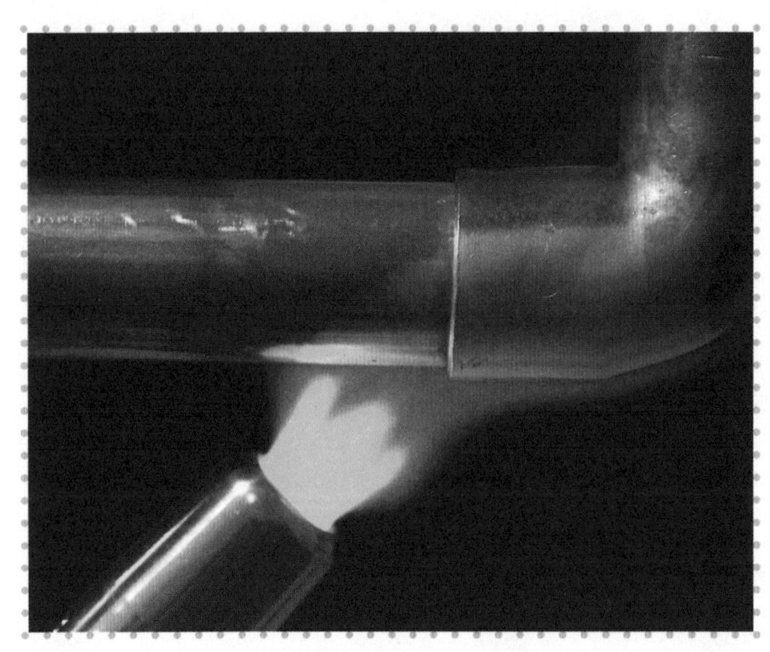

▼ 焊接是以加热的方式将两块相同或不同的金属接起来的方法。

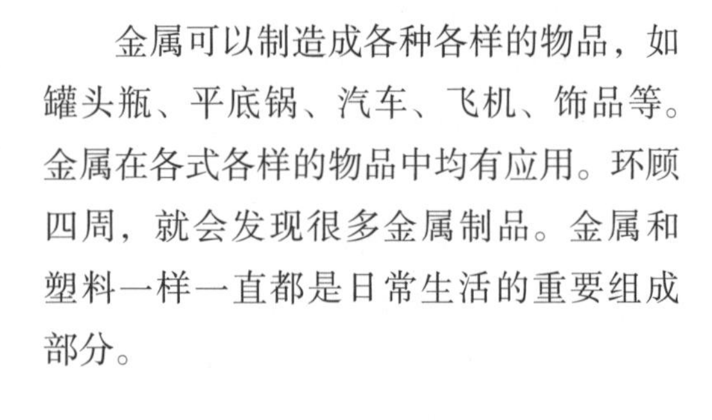

金属可以制造成各种各样的物品，如罐头瓶、平底锅、汽车、飞机、饰品等。金属在各式各样的物品中均有应用。环顾四周，就会发现很多金属制品。金属和塑料一样一直都是日常生活的重要组成部分。

金属的应用历史

人类使用金属已有8 000多年的历史。黄金是一种很早就被投入使用的金属。这并不稀奇，因为黄金有时可以在单质（未结合）状态下被发现。黄金易加工，不像其他金属那样易氧化（与氧反应形成化合物）或变色。黄金主要用于制作饰品和贵重物品。黄金易成型，多用于制作装饰物品而非日常用品。

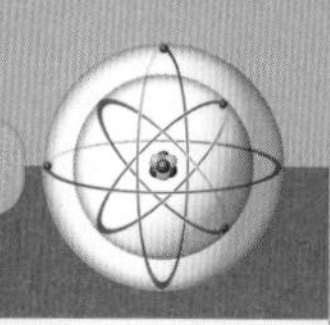

◀ 纯金相对柔软，容易塑形。这个面具是早期的南美金属工人制作的，他们用黄金制作装饰品和贵重物品。

金属和冶金

铜是第二个被发现的金属。铜的使用可以追溯到8 000多年前。铜容易加工，但比黄金加工难度大。铜可以用来制造工具和武器。铜有时在自然界中以单质状态存在，但通常存在于铜矿、孔雀石、蓝铜矿、黄铜矿和斑铜矿中。铜必须经过熔炼才能得到纯铜。

其他早期发现的金属有银、铅、锡、铁和汞。这些金属都是3 000多年前发现的，在自然界中都不是以其单质状态存在的，因此必须通过熔炼或至少加热来进行加工。锡是一个重要发现，因为锡与铜混合，会形成叫作青铜的合金。青铜比铜或锡的强度都要高，可以制造更坚硬的工具和武器。人类的一段发展时期就称作青铜时代，命名是源于青铜工具和武器的兴起，青铜的重要性可见一斑。

化学在行动

汞——液态金属

一提到金属，人们的第一印象往往认为金属是一种坚硬的物质。其实并不是所有的金属都很坚硬——汞是唯一一种在室温下呈液态的金属。汞俗称水银，密度很高，是水密度的13倍。汞应用于许多不同产品中，比如体温计、荧光灯、汞蒸气灯以及牙齿填充物。不过目前汞正在逐步被淘汰，不再用来制作产品，因为金属汞有毒，还会破坏环境。

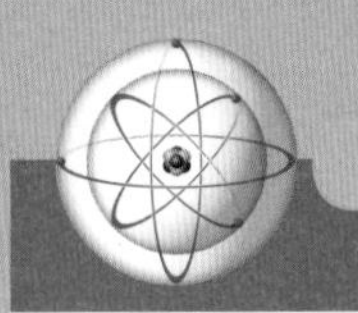

化学在行动

铸铁

日常生活中可能会看到黑色铸铁煎锅（如下图）。18世纪初期，黑色铸铁煎锅就被用于烹饪食物。铸铁也用于制作其他产品，如汽车发动机、管道和工具。铸铁中添加了少量的碳和硅，以增强铸铁性能。铸铁在炉中熔化，然后倒入模具，生产工艺速度快成本低，所以铸铁产品被大量生产。

前七种金属用途广泛，但后来只有少数新金属被使用发现。1800年以前，常用金属只有金、银、铜、铅、汞、铁、锡、铂、锑、铋、锌和砷。19世纪，许多金属为人所发现，其中铝于1825年首次生产出来。有一段时间，科学家无法找到制造铝的方法，于是铝成为当时非常珍贵的金属之一，价格甚至比黄金和铂金还要高。直到1854年，一种商业化的制铝方法问世，于是铝的价格在10年间下降了90%。

1885年，制铝工艺改进，铝的年产量达15吨。1886年，霍尔埃鲁铝电解法问世，铝产量进一步提高。1900年，铝的年产量为8 800吨。2005年，铝的年产量高达2 650万吨。

冶炼和电解

冶炼是对矿石进行化学还原处理从中提取金属的方法。冶炼法可以生产铁、铜、铝等很多金属。冶炼使用焦炭或木炭等还原剂来产生电子（带有负电的亚原子粒子）。焦炭是从煤中提取的残碳。冶炼过程中，在高温和还原剂的作用下，可以去除矿石中的氧和其他元素来改变金属的氧化状态。

▶ 长期以来，银因其观赏价值而备受珍视。银同黄金一样容易加工，而且可以进行高度抛光处理。然而，随着时间推移，银会失去光泽，不过定期清洗可以去除银表面的氧化层。

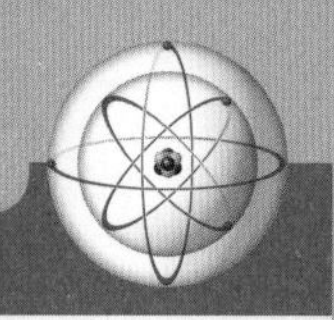

从矿石中还原出来的金属最终呈现金属状态。熔化的金属必须从矿渣中分离出来，矿渣是矿石的副产品。一般情况下，将熔化的金属倒入模具中制成铸锭。然后，进一步精炼铸锭以提高金属纯度，或者可以将铸锭与其他金属混合以改变金属性能。

另一种生产金属的方法是电解法。电解就是给熔化的金属通电。工业环境中，电解法用来生产钠、铝、钾和锂金属。电解法有两个定律。

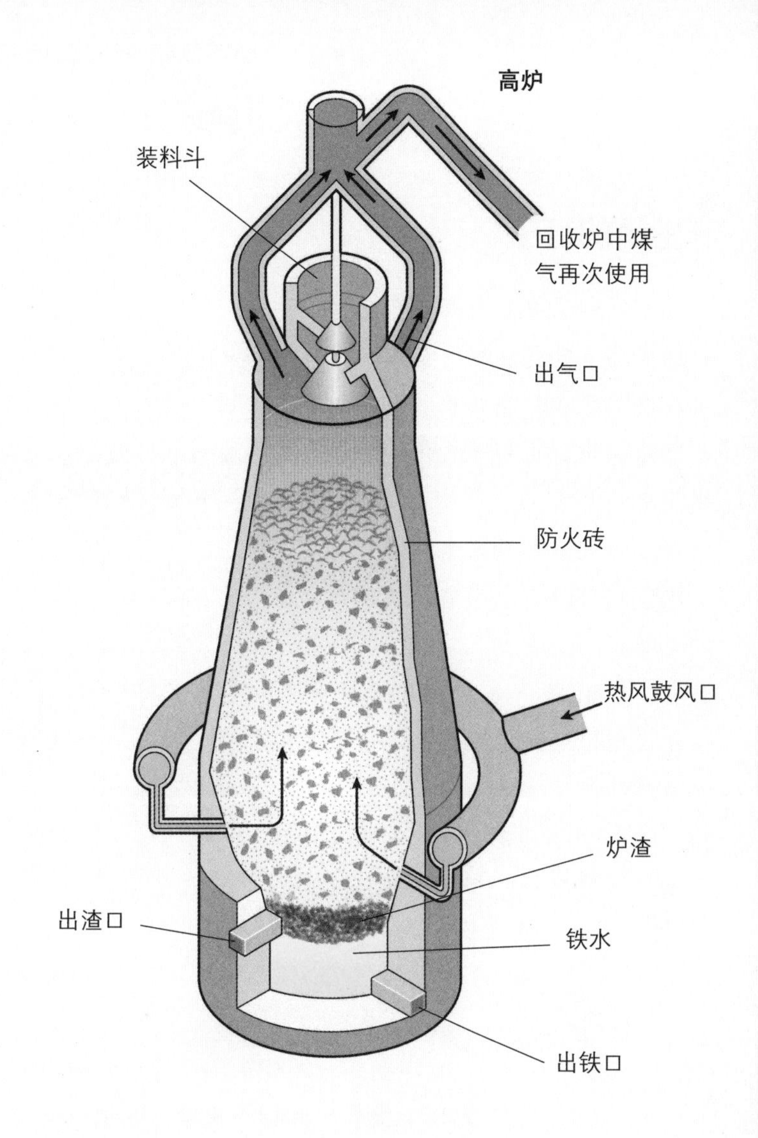

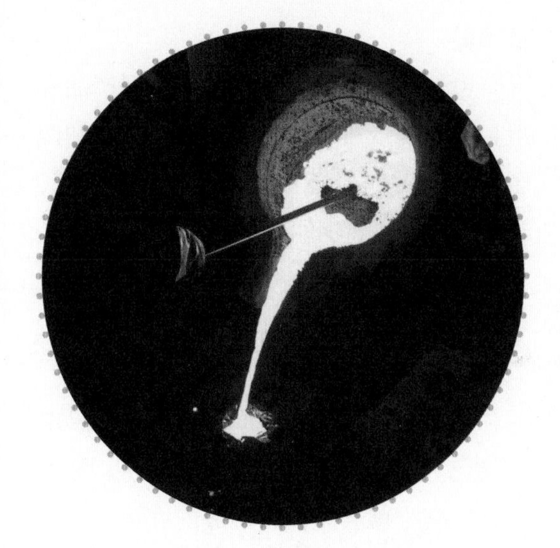

▲ 铁在高炉中从矿石中分离出来。矿石混合焦炭等碳进行高温加热。燃烧焦炭为高炉提供热量，同时产生一氧化碳气体。一氧化碳气体被氧化为二氧化碳，同时将铁矿石还原为金属铁。这种被氧化的元素失去电子，被还原的元素获得电子的反应称为氧化还原反应。炉渣废料在液态金属的表面形成一层外壳。最后金属就可以从高炉底部流入模具中。

试一试

生锈的钉子

铁制品接触氧气就会生锈。铁锈实际上就是铁制品暴露在空气中在表面形成的氧化铁。下面的小手工将探索防止钉子氧化生锈的密封方法。

材料：两颗未生锈的钉子、一颗镀锌铁钉、三个玻璃杯、水、植物油。

1. 在每个玻璃杯中放一颗钉子。用砂纸打磨钉子，记住不要打磨镀锌铁钉。

2. 将水分别倒进一个放有打磨后钉子的玻璃杯和放有镀锌铁钉的玻璃杯。将最后一颗钉子蘸上少许植物油，然后加水没过钉子。最后加入植物油完全覆盖水面。

3. 静置几天后观察。

镀锌铁钉表面存在防锈涂层，所以没有生锈。涂有植物油的铁钉表面有植物油形成的保护层来隔绝氧气，所以也没有生锈。

▼ 图片从左到右分别是镀锌铁钉、未镀锌铁钉、涂油浸水的未镀锌铁钉。只有中间的钉子生锈了。

电解第一定律指出，通过熔融或溶解盐的电流析出的物质质量与通过电路的电荷数成正比。

电解第二定律指出，如通电量相同，则析出或溶解的不同物质的质量与它们的摩尔质量成正比。

两条电解定律为工业领域应用电解法设定了限制。电解法可以生产铝。生产铝所需的电量巨大。因此，制铝厂所在区域电费普遍都很便宜。铝金属生产加工一般在水电站大坝附近进行，这样获取电能的成本低。

电解的一大优点就是产生的副产品一般也具有商业价值。例如，电解氯化钠产生金属钠的同时还会产生副产物氢和氯，这两种副产品都有很大的商业价值。

提高金属质量

许多金属普遍存在的问题就是容易腐蚀氧化。金属腐蚀一般都会产生锈。铁暴露在氧气中就会生锈，形成的铁锈是氧化

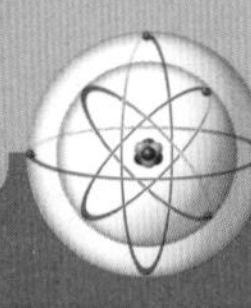

铁，氧化铁这种化合物会让铁变脆弱。保护金属的一种方法是对金属表面进行处理来防止腐蚀。

铁用途广泛，但易受腐蚀。保护铁的一种方法是镀锌。镀锌就是在铁制品表面镀上一层薄薄的锌。表面的锌氧化成一层坚硬的氧化锌，从而保护下面的铁。只要氧化锌保护层完好无损，就不会有氧气接触到下面的铁。

镀锌并不是保护金属表面的唯一方法。刷漆是保护金属的常用方法。在金属表面刷漆可以隔绝氧气和水。不过刷漆的缺点是漆层容易剥落划破暴露出下面的金属。要想涂层更耐用就需要利用电镀法。

电镀就是利用电解原理在金属表面上镀上一薄层其他金属或合金的过程。必须仔细选择用作电镀层的金属，因为要想电镀层耐用，就需要将活性较强的金属镀在活性较低的金属上。

保护金属表面的另一种方法是阳极氧化。阳极氧化常用来保护铝，也可以用于保护钛。阳极氧化会在铝表面形成一层氧化铝。具体过程是将清洁过的铝制品放入硫酸，然后给铝通电。阳极氧化一词本身就暗示出铝制品需要连接到阳极（正极）。它与酸反应会在铝表面形成一层抗腐蚀的坚硬氧化铝层。氧化金属表面存在气孔，染色后可以在铝表面形成彩色保护层。

铁栅栏表面镀了一层锌，这一过程叫作镀锌。镀锌铁保护层可以隔绝空气和水，防止铁生锈。

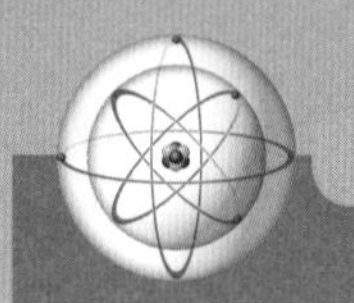

合金

前面我们已经了解到金属的特性多种多样，每种金属都有各自的最佳应用领域。我们还了解到，一些金属混合在一起可以强化性能。铜本身容易加工，同时可以制成坚固的工具和武器。将锡加入铜里，就会形成青铜。青铜熔点较低，易于加工，用途广泛，而且比纯铜坚硬得多。因此，用青铜制造出的工具和武器要坚固得多。

将金属混合在一起就会形成合金。青铜并不是唯一的金属合金。事实上，日常

关键词

- **腐蚀：**金属与周围环境发生化学、电化学反应和物理作用引起的变质和破坏现象。
- **晶格：**将原子简化成一个点，用假想的线将这些点连接起来，构成有明显规律性的空间格架。
- **氧化：**工件进行加热热处理时，介质中的氧、二氧化碳和水蒸气等与之反应生成氧化物的过程。
- **溶液：**一种或几种物质分散到另一种物质里，形成的均一的、稳定的混合物。

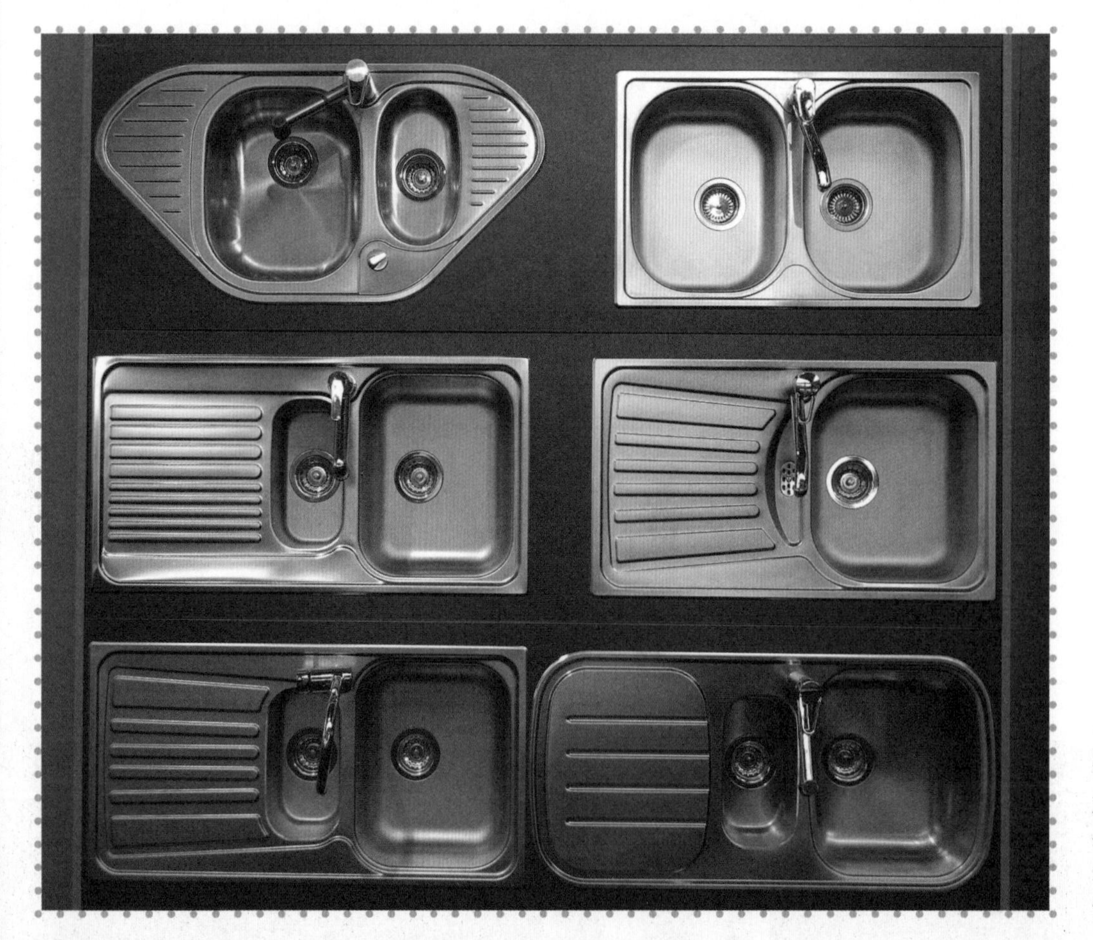

◀ 不锈钢是一种用来制作生活用品的合金，如水槽和水龙头。如果用普通钢制作这些生活用品的话就会很快生锈。

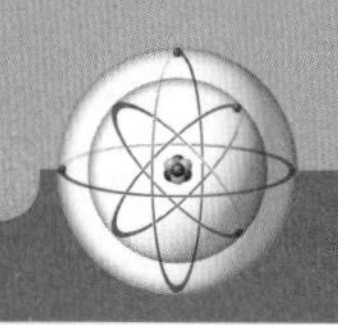

◀ 铝合金可以用来制造地铁车身。铝合金密度低，但强度比较高，可以加工成各种型材。

应用到的金属很少是纯金属。合金性能更好，生产成本低廉。合金实际上是一种特殊的金属。

钢是一种常见的铁碳合金。碳可以增加钢材的强度。碳阻止铁原子在晶格结构中滑动从而使钢变硬。铁可以制作多种合金，每种合金的性质都不尽相同。另一种铁合金是不锈钢。不锈钢中含有铁、碳以及至少10%的铬。不锈钢具有天然的抗氧化性，能够保持金属表面光泽。

铝是种常用金属，但是几乎从未以纯金属的形式使用。铝合金用途广泛，铝常与铜、锰、镁、硅形成合金。不同的铝合金性能都不同。铝可以用来制作罐头瓶、飞机、汽车、厨房用具、电线、屋顶、各式工具，用途列举起来无穷无尽。在设计机械或结构部件时，工程师可以根据所需性能指定使用特定合金。铝合金不仅坚固耐腐蚀，而且密度低，所以用途广泛。如前所述，铝及其合金可以经过阳极氧化处理，使其表面颜色鲜艳，更耐腐蚀。

3 化学与环境

水、空气、土地分别属于液体、气体、固体，这三种物质构成了我们赖以生存的地球表面。

影响环境的一个主要因素是化学反应。构成地球的固体、液体和气体相互作用形成新的物质，形成的新物质反过来又可能继续进行化学反应。

地球由三种重要的物质组成——空气、土地和水。空气、土地和水中的化学物质不断地相互反应、相互作用。

空气构成了地球的大气层。空气由许多不同的气体元素和化合物组成。土地是地球的固体表面，主要由岩石构成，固体岩石含有许多不同的化学元素。水存在于海洋、湖泊和河流中，也能以气体形式存在于大气之中。水可以通过化学反应与不同岩石结合。水本身是氢和氧的化合物，是一种溶剂，可以溶解许多化合物。

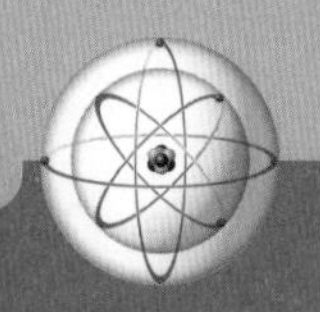

地球大气层

地球大气层是多种气体的混合物。氮气约占大气的78%，氧气约占21%。剩下1%由多种不同气体组成。

自45亿年前地球形成以来，地球的大气层一直在演变。起初，大气层主要是由氢和氦组合。大约35亿年前，地球变冷，大气变成水蒸气（H_2O）、二氧化碳（CO_2）和氨气（NH_3），其中并没有氧气。大约33亿年前，地球开始出现生物，生物通过光合作用将氧气释放到大气中。光合作用过程中，植物和一些单细胞生物利用阳光中的能量将二氧化碳和水转化为糖。

▶ 植物和一些单细胞生物利用阳光将二氧化碳和水转化为糖——这个过程叫作光合作用。大气中的氧气就是光合作用的副产品。

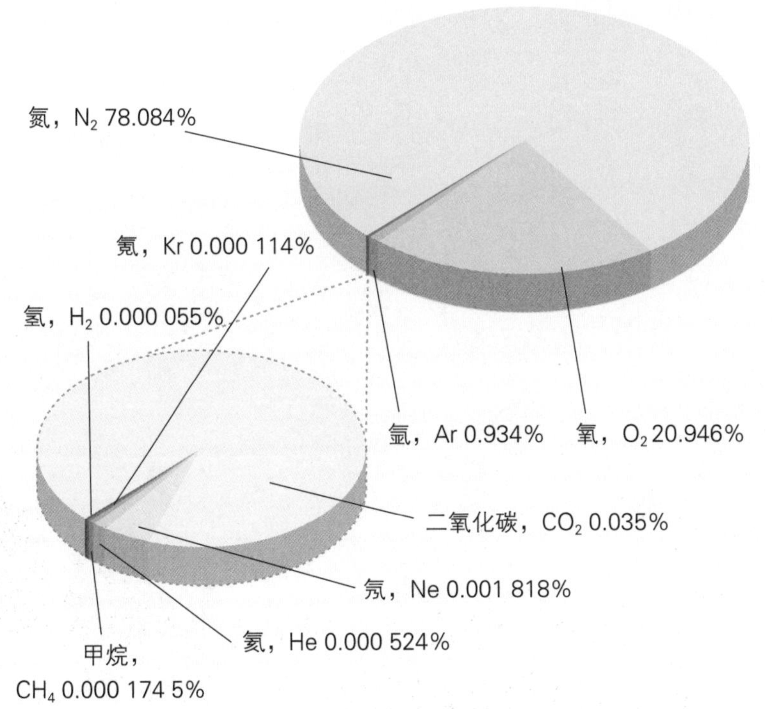

◀ 两个饼状图显示了地球大气中的气体比例，几乎99%的大气是由氮和氧组成的。

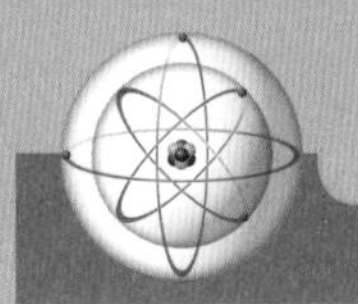

大气与氧化

大气层包围着地球，参与环境中的化学反应。燃烧和生锈是大气中氧气参与的两种化学反应。过去只要是涉及氧气的反应都叫作氧化反应。而现在氧化的含义范围更广，任何失去电子的反应都叫作氧化反应。最新的定义包含了旧定义。燃烧就是一种氧化反应，其中氧气与其他物质快速反应，生成热和光。生锈是氧与铁进行的氧化反应。

动物在体内的各种生物化学反应都涉及氧气。这些氧化反应可以从食物中释放能量。

▼ 加利福尼亚州洛杉矶上空的雾霾源于汽车尾气产生的污染。虽然洛杉矶仍饱受雾霾之苦，但很多汽车已经迈入清洁排放阶段，空气质量得以改善。

试一试

生锈

生锈是一种氧化反应，其中铁与氧反应生成氧化铁，即铁锈。

材料：钢丝球、塑料杯、水。

1. 彻底清洗钢丝球，去除上面的清洁剂。

2. 将钢丝球放入塑料杯中，向杯中加水，但要确保水位没有没过钢丝球。

3. 杯子静置一晚，第二天进行观察。

可以发现钢丝球因生锈而变红。请问生锈氧化反应的氧气是哪里来的呢？

答案

氧气来自空气。

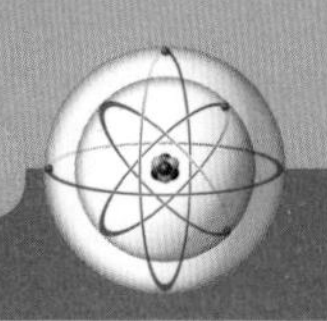

空气污染

人类大量燃烧煤消耗石油，大气就开始遭受污染。燃烧木材或化石燃料产生的烟是可见的污染物。燃料燃烧得越多，烟引发的问题就越大。其中烟和其他化学物质混合会导致雾霾—— 一种烟和雾的混合物。然而，可见的雾霾只是空气污染的其中一种表现形式。

燃烧化石燃料产生的一些物质用肉眼不容易观察到，但也会造成污染问题。这些污染物包括二氧化碳、一氧化碳、硫氧化物、氮氧化物、铅。化石燃料由碳氢化合物（氢和碳的化合物）构成。碳氢化合物完全燃烧产生二氧化碳和水。然而，化石燃料燃烧过程中，不一定会完全燃烧，于是就会产生二氧化碳和一氧化碳。吸入高浓度的一氧化碳会导致头痛、疲劳、呼吸系统问题，甚至死亡。

二氧化碳引发的问题比较特殊，因为二氧化碳还是一种温室气体。

关键词

- **燃烧**：物质进行剧烈的氧化还原反应，伴随发热和发光的现象。
- **温室气体**：大气中能够吸收地面反射的太阳辐射并重新发射辐射，使地球表面变暖的气体。如二氧化碳、甲烷、水蒸气等。
- **碳氢化合物**：由碳和氢两种元素组成的有机化合物。
- **光合作用**：光合生物吸收太阳的光能转变为化学能，再利用自然界的二氧化碳和水，产生各种有机物的过程。

近距离观察

大气中的二氧化碳

大气中存在一个隐忧，那就是温室气体二氧化碳的含量增加。化石燃料燃烧会释放出二氧化碳。有没有思考过汽油燃烧时会释放出多少二氧化碳呢？

1加仑（3.8升）汽油重6.3磅（2.9千克）。汽油中含有87%的碳，所以一加仑汽油中的碳质量为5.5磅（即6.3磅 × 0.87）。燃烧过程中，一个碳原子与大气中的两个氧原子结合形成二氧化碳。但是两个氧原子的质量是一个碳原子的$2\frac{2}{3}$倍。因此，与碳结合的氧质量约为14.7磅（即5.5磅 $\times 2\frac{2}{3}$）。二氧化碳的总质量就是碳的质量加上氧的质量，共重20.2磅（9.17千克）！

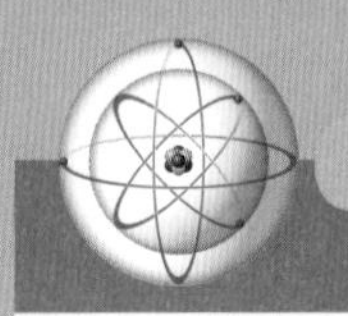

二氧化碳、水蒸气和甲烷等气体会将热量保存在大气中。地球表面吸收太阳以可见光形式散发出的能量，能量以红外波长形式继续辐射。温室气体将部分红外能量捕获。大气中要是没有吸收红外线的二氧化碳，地球的温度则会低很多。然而，化石燃料不断燃烧，大气吸热能力增强，最终就会导致全球变暖。

燃烧过程中，氮和硫分别与氧结合，形成氮氧化物和硫氧化物。其中一些氧化物与大气中的水发生反应，产生酸雨。有关酸雨的问题将在本章后面的内容中展开讨论。

另一个空气污染问题来自汽油中添加的铅。汽油燃烧时，铅也会释放到大气中。铅会损害人体许多器官，并对神经系统造成损害。1970年至1997年期间，美国向空气中排放的铅从每年32万吨减少到4 000吨，排铅量降低主要是因为汽油中已经逐步不再添加铅了。

化学在行动

化学与生活

鉴别矿物的一个简单方法就是根据硬度来判断。地质学家使用莫氏硬度标尺来给矿物分级。表格显示了硬度从1到10的矿物；1表示硬度最软。较硬的矿物会划伤较软的矿物。例如，石英可以划伤刀片，刀片可以划伤方解石，但只有钻石才能划伤钻石。

矿　物	硬　度
金刚石	10
刚　玉	9
黄　玉	8
石　英	7
（钢锉）	6.5
正长石	6
（窗户玻璃或刀片）	5.5
磷灰石	5
氟　石	4
方解石	3
（指甲）	2.5
石　膏	2
滑　石	1

矿物质

◀ 赤铁矿是一种重要的铁矿，是化学分子式为Fe_2O_3的氧化物。

矿物质是天然形成的固体，具有独特的晶体结构和特定的化学公式。矿物质可以由简单的化合物组成，也可以由复杂的化合物组成。冰实际上是水的一种矿物质，

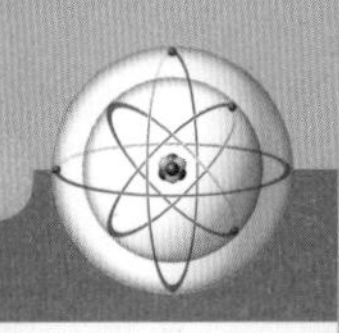

◀ 这种存在于加州红岩峡谷州立公园的岩石是一种砂岩。砂岩是一种沉积岩，由被侵蚀岩石的微小颗粒（沉淀物）缓慢沉积而成，沉积层最终积压在一起形成了坚硬的砂岩。

虽然出人意料，但冰符合矿物质的特征。

可以通过矿物的物理性质来鉴别矿物。矿物的性质受矿物的化学成分和晶体结构影响。物理性质包括颜色、光泽、硬度、解理、密度、外部晶体形状。需要注意的是，颜色虽然是区分矿物最明显的物理特征，但往往最不可靠。

岩石

岩石由粘连在一起的矿物质组成。岩石可以由多种不同的矿物组成，也可以只由一种矿物组成。地质学家研究岩石中的矿物进而分析岩石形成的历史。

岩石可分为三类：火成岩、沉积岩和变质岩。火成岩是由熔融物质凝固而成的岩石。火成岩包括玄武岩和花岗岩。玄武岩是在熔岩迅速冷却时形成的，所以矿物晶体非常小。而花岗岩冷却速度非常缓慢，所以矿物晶体较大。

沉积岩是由在水、冰、风或化学反应作用下的岩石产物沉积形成的。沉积物随后被胶结积压在一起形成固体岩石。两种常见的沉积岩是石灰石和砂岩。碳酸钙（$CaCO_3$）从温暖的海水中沉淀（分离），这一化学过程就形成了石灰石。砂岩是沙子沉积后与另一种矿物胶结在一起形成的岩石。

▼ 堪萨斯州的岩石是石灰石经风吹雨打形成的。石灰石是一种主要由碳酸钙（$CaCO_3$）构成的沉积岩。

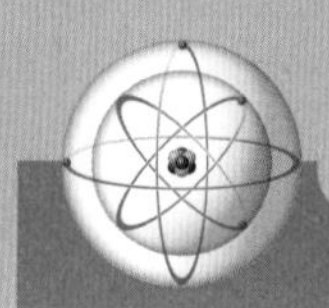

▲ 白色岩层为石英岩，是一种由砂岩构成的变质岩。周围的黑色岩石是一种叫作辉长岩的火成岩。

变质岩是由火成岩、沉积岩或其他变质岩形成的。变质岩在高温高压作用下发生改变（变质）。变质岩包括大理石、石英岩等岩石。大理石是变质的石灰石，比石灰石更坚硬，结晶更多。石英岩是变质砂岩，在高温高压作用下，砂岩中的石英晶体增多并融合在一起。

岩石循环

一种岩石可以转变成另一种岩石。高温高压会使岩石变形。在温度足够高、压力足够强的条件下，岩石就会融化。岩石再次冷却就会形成火成岩。风化和侵蚀也可以使岩石发生变化。

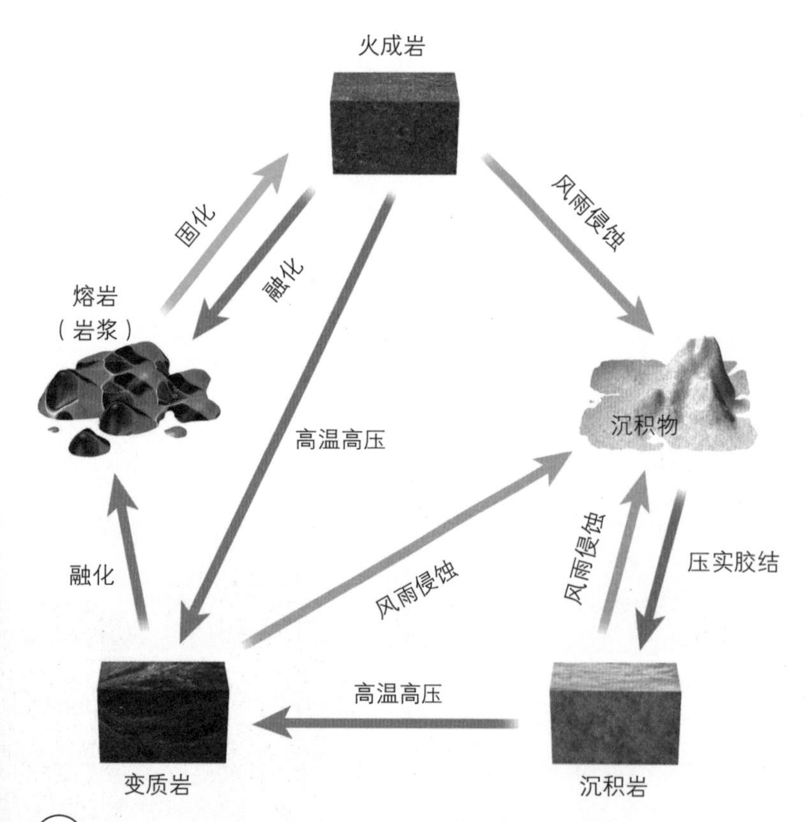

◀ 岩石循环指一种岩石转变成另一种岩石的方式。例如，火成岩经侵蚀形成沉积物，沉积物挤压胶结形成沉积岩。

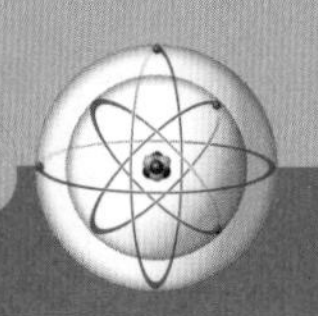

试一试

化学风化

石灰石的主要成分是碳酸钙，雨水中的酸会导致石灰石发生化学风化。下面的操作中会用醋（一种弱酸）代替雨水，用白垩（碳酸钙）代替石灰石来模拟化学风化过程。

材料：一块街头粉笔或黑板粉笔、醋、一个玻璃杯。

向玻璃杯中倒入半杯醋，加入粉笔后进行观察。

可以观察到杯中正在形成二氧化碳气泡。酸和碳酸钙进行反应，就会产生二氧化碳。

风化与侵蚀

风化与侵蚀过程会粉碎岩石。风化作用会把岩石分解成更小的碎片。侵蚀作用是风、水或冰将这些细碎岩石传播搬运走。风化作用可以是物理过程也可以是化学过程。物理风化利用物理力量破坏岩石。物理力量可能来自冰、水、风、重力、树根或动物运动。

化学风化是将岩石和矿物进行化学分解。引发化学风化作用最常见的物质就是水。二氧化碳易溶于水，反应形成碳酸。二氧化碳溶于水是双向反应——碳酸可以反应重新生成二氧化碳和水。最后反应达到平衡时，生成的碳酸和分解的碳酸就一样多。化学反应方程式为：

▶ 亚利桑那州的这块岩石在冰霜作用下开裂。岩石缝隙中的水冻结膨胀，对岩石施加作用力，最终导致岩石裂开。

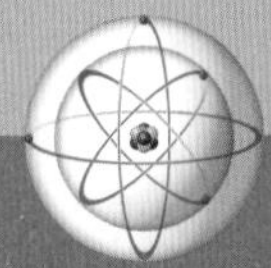

◀ 这些壮观的洞穴是石灰岩受雨水侵蚀形成的。水从洞穴顶部渗出时，水中的酸会侵蚀石灰石中的碳酸钙。水从洞穴的顶部滴落下来，会残留少量碳酸钙。碳酸钙逐渐积累形成了悬在洞穴顶部的钟乳石和从洞穴底部生长出来的石笋。

▲ 酸雨侵蚀了这些石雕。燃烧化石燃料造成污染会形成酸雨。

$$CO_2 + H_2O \rightleftharpoons H_2CO_3$$

碳酸这种弱酸会与许多矿物质发生反应，最终将矿物质分解。

雨水本身呈酸性，燃烧化石燃料产生的氮氧化物和硫氧化物与雨水发生反应，形成硝酸和硫酸，使雨水酸性增强。雨水酸性增强大大加快了雨水引起的化学风化速度。酸雨会侵蚀由石灰石、大理石、花岗岩制成的物体，还会侵蚀青铜等金属。

酸性雨水对地表和地下的物体都有影响。在石灰岩地区，水可以穿过岩石，加大裂缝，形成洞穴，同时石灰石中的碳酸钙会溶解在水中，水从洞穴顶部滴落，碳酸钙就会沉淀（分离）出来，钟乳石和石笋等洞穴样貌就这样慢慢形成了。

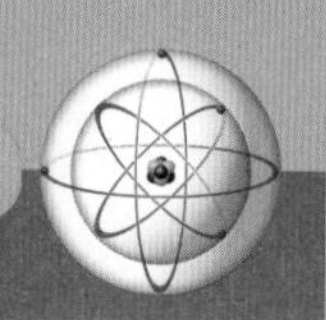

试一试

硬水与软水

材料：雨水或蒸馏水、自来水、3个小玻璃杯、记号笔、泻盐、洗洁精。

雨水和蒸馏水就是所说的“软水”，含有可以获得或失去电子的离子和原子少。泻盐是硫酸镁（$MgSO_4$），泻盐溶于水后，就形成了“硬水”。

1. 向两个玻璃杯中倒入半杯雨水或蒸馏水。向第三个杯子中倒入半杯自来水。

2. 向装有雨水或蒸馏水的玻璃杯中加入一勺泻盐。

3. 每个杯子中都加入三滴洗洁精。

4. 快速搅拌每个杯子中的水，观察结果。

只装有蒸馏水或雨水的玻璃杯中产生很多泡沫，而含有硫酸镁的玻璃杯中产生的泡沫很少。用家里的自来水进行上面的小实验结果是怎样的呢？

▲ 左边杯子里装的是蒸馏水，是软水。注意表面产生的气泡。中间杯子装的是蒸馏水，加入泻盐后成为硬水。因此，几乎不会冒泡。右边杯子装的是自来水，表面有一些气泡，但气泡不多，所以水质较硬。

化学与水

水是一种风化剂，具有非常强大的侵蚀作用。水覆盖了地球表面约75%的面积。大部分水存在于海洋之中。水将岩石中的盐溶解出来，所以海水是咸的。海水的盐度（总盐量）约为35‰，即每升约35克。

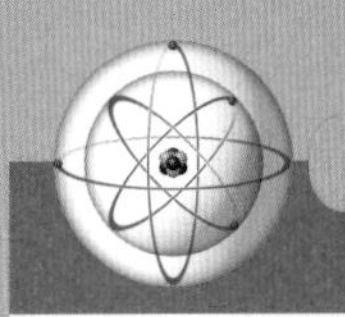

试一试

瓶子里的水循环

材料：一个2升容量的带盖塑料瓶、冰、沙子、刀。

1. 请成年人从旁协助，小心将塑料瓶瓶底切掉，盖上瓶盖。

2. 将瓶子倒置，加入沙子，装满至瓶身1/4处。往沙子里加一点水。将瓶口插入松软土壤或沙子中，从而支撑住整个瓶子，将瓶子放置在阳光下。

3. 将切下的空瓶底放进此瓶开口处。在上层瓶子底部装满碎冰。

仔细观察可以注意到瓶子底部出现了水滴。阳光蒸发了沙子中的水，冰又冷却水蒸气，最终使水凝结在瓶底。

关键词

- **酸雨**：一般泛指pH小于5.6的酸性降雨、降雪或其他形式的大气降水(如雾、霜)。广义指酸性物质的干、湿沉降。酸雨含有多种无机酸和有机酸(绝大部分为硫酸和硝酸)，使土壤酸化贫瘠、危害植物生长，使森林破坏、材料腐蚀，流入江河造成水源酸化，影响饮用水安全，危害水生物的生存。
- **侵蚀**：由于海水、流水、移冰、降水或风的作用而使土壤或岩石磨损、腐蚀并由一点至另一点迁移。
- **风化作用**：地球表面或接近地表的岩石、矿物受太阳辐射、温度变化、氧、二氧化碳、水和生物等的耦合作用，发生崩解破碎、化学性质改变与元素迁移的过程。

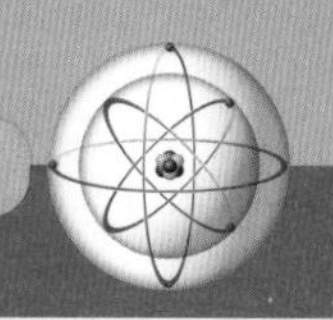

水在地球上以固体、液体、气体三种状态存在。水有几种性质不同寻常，是少数固相会在液相中漂浮的物质。水的沸点很高，比热容（提高温度所需的热量）也很高。水的这些特性对环境而言非常重要。

海洋是地球上一个重要的蓄水池，但并不是只有海洋存在水。水在大气中以气体形式存在，在两极和山顶上以固体形式存在，在雨水、河流、湖泊中以液体形式存在。

在水循环中，水在环境中流动。太阳产生的能量将水蒸发（从液态变为气态）。大气中的水蒸气是看不见的。

然而，随着大气冷却，水蒸气凝结成小水滴，就是我们看到的云。云含有非常多的水蒸气，水滴变得足够大时就会以雨的形式落下。雨水流入河流小溪，最后回到海洋。这是水循环的简化版本。

万能溶剂

水能溶解许多物质，因此水常称为万能溶剂。水的这种性质是由分子结构决定的。水分子中的电子不是均匀分布的，所以水中的氧原子是稍带正电的一端，氢原子是两个稍带负电的一端。因此水成为极性溶剂。水能溶解盐等极性物质，但不能溶解油等非极性物质。

▲ 洗衣机元件上的水垢（碳酸钙）是由水中的矿物质沉积而成的。因此，洗衣机常用水肯定是硬水。

▲ 漂浮在河道表面的绿色生物是藻类，农业化肥径流河道，便产生了这些藻类，这种现象叫作藻华。

你可能听说过硬水和软水。这些专业词汇是用来描述家里使用的水的。要是用硬水洗手，就会注意到肥皂起泡效果不好。肥皂在软水中会容易起泡沫，但不容易洗掉。硬水中有许多溶解离子，这些离子失去或获得电子。肥皂是由正钾离子和负棕榈酸盐离子组成的。而硬水已经含有很多离子了，肥皂不会进行太多次电离，所以起泡效果不好。

你可能会对水不能溶解油这个现象产生疑问。手上沾过油的人都知道可以用肥皂洗掉油污，关键就是肥皂。肥皂可以改变油和水之间的相互作用，从而洗干净油污。

肥皂和清洁剂这两个词汇通常指的是同一个东西。然而，这两个词汇实际上描述的却是不同的东西。肥皂含有水溶性钠盐或钾盐，并与一种叫作脂肪酸的化学物质结合，这种化学物质是由碳、氢和氧组成的。肥皂由强碱与脂肪酸反应而成。洗涤剂是含有溶解油脂的表面活性剂的化合物，也可能含有洗涤用的磨料，还可能含有用于漂白的氧化剂（引起氧化的物质）和酶（加速化学反应的物质），从而更好地分解有机污渍。之所以开发洗涤剂是因为洗涤剂在硬水中清洁效果更好。

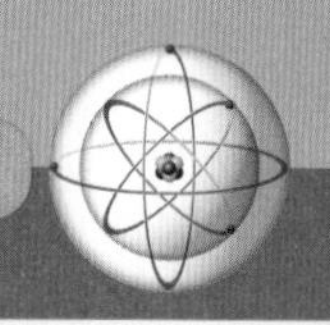

水污染

▼ 这个过滤床是水处理厂必不可少的器械。要想水可以安全饮用，有几个步骤不可或缺，最重要的一步就是过滤，水流过沙子可以得到净化。

最初引入的洗涤剂含有磷酸盐——含磷的盐。磷酸盐在废水中释放出来，进入了河流和湖泊。磷是一种重要的植物营养物质。水生植物和藻类利用了释放的磷快速生长，杀死了生活在水中的鱼类和其他动物。20世纪70年代，洗涤剂中不再使用磷酸盐，水污染问题得以减轻。

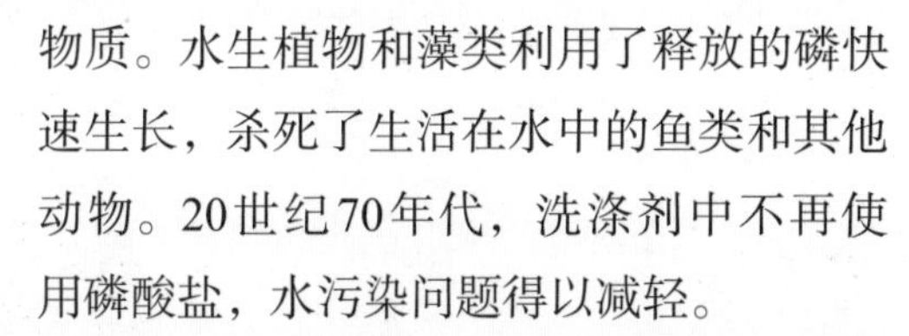

磷并不是水中唯一的污染物。其他常见的污染物包括杀虫剂、化肥、石油、酸、碱和重金属。每一种污染物都会影响生活在水生生态系统中的生物。水一旦被污染，净化起来不仅难度大而且成本高。

饮用水

饮用水主要有两个来源：地表水和地下水。河流和湖泊等地表水经常暴露在许多不同的污染物中，这些污染物必须在进入供水系统之前去除。地下水存在于地下地质构造中。地下水穿过地面进入地下或含水层时，有时会被过滤。虽然过滤可以去除水中的一些杂质，但并不能去除所有杂质。此外，如果地下水受到污染，要清除污染也是困难重重。

人类需要清洁的饮用水。因为有多种不同的污染物，水必须经过处理来去除污染物。水可以通过沙子和活性炭（活性炭具有很大的表面积）进行过滤，可以去除各种杂质。水也可以暴露在紫外线辐射或臭氧中来杀死微生物。去除水中的重金属需要其他的处理方法。水进入供水系统之前的最后一步是添加氯，这样可以杀死残留的微生物，防止水在管道中被其他微生物污染。

4 医学化学

图中的毛地黄可以用来制作一种叫作洋地黄的药物，这种药物可以治疗心律不齐。然而，毛地黄的根茎枝丫整体对人和动物都是有毒的，不可以食用。

生病时，医生可能会开药来帮助身体恢复健康。药中含有的化学物质已经经过试验测试，可以帮助恢复身体健康。有时，这些化学物质是在已有上百年甚至上千年历史的天然药品的基础上研制的。

过去获得医疗保健不像现在这样容易。所以过去一旦生病受伤，很有可能死于感染，甚至死于“药物”本身！

纵观历史，人们一直依赖各种天然药物来治疗疾病修复损伤。药物一般取自植物。这些药物有时疗效很好，但也并非总是如此。

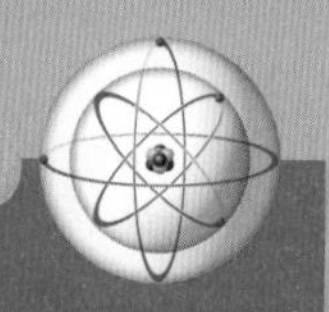

古希腊医生希波克拉底给患者用一种从柳树皮中提取的苦粉末来治疗头痛、肌肉疼痛、全身疼痛和发烧。在希波克拉底之前，埃及人、苏美尔人和亚述人就已经掌握了这些医药知识。

科学家们开始研究柳树皮等天然药品时发现，有些药品的使用是有科学依据的。意大利、法国和德国的药剂师在1826年至1829年数年间从柳树皮中分离出水杨酸（$C_7H_6O_3$）这种活性成分。后来经过处理使水杨酸酸性减弱。之后乙酰水杨酸作为药物阿司匹林上市，现在仍然可以购买。

▲ 水杨酸存在于柳树的树皮中，自古以来用于治疗疼痛和发烧。

◀ 古希腊内科医生希波克拉底在公元前5世纪就曾记载柳树皮的治疗功效。然而，他并不知道柳树皮具有这些治疗功效的原因。

天然来源

许多现代药物是从草药研究发展而来的。鸦片来自罂粟植物的籽壳，几个世纪以来一直用作止痛药。鸦片中含有吗啡、可待因等医用化学物质。现代化学家以吗啡为基础，开发出了海洛因、哌替啶和芬太尼等一系列药物。同样，古柯叶是南美洲人用来预防高原反应的，也用于生产当地的麻醉剂可卡因。

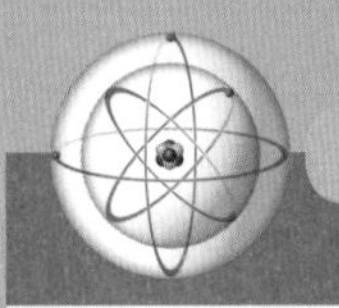

消毒与外科手术

现在大部分手术的安全系数比过去高得多。为提升手术安全所迈出的第一步就是预防感染。19世纪下半叶以前，手术伤口发展成败血症或发生感染的现象颇为常见。1865年，一位名叫约瑟夫·利斯特（1827—1912）的苏格兰医生提出，败血症是由活体生物引起的。他在手术前用石炭酸（C_6H_5OH）或苯酚来清洁医疗器械。石炭酸是第一种消毒剂。利斯特证明这种方法可以成功预防败血症。他的研究成果由其他科学家发扬光大，制造出更多的消毒剂。有了现代消毒剂，术后感染的风险大大降低。

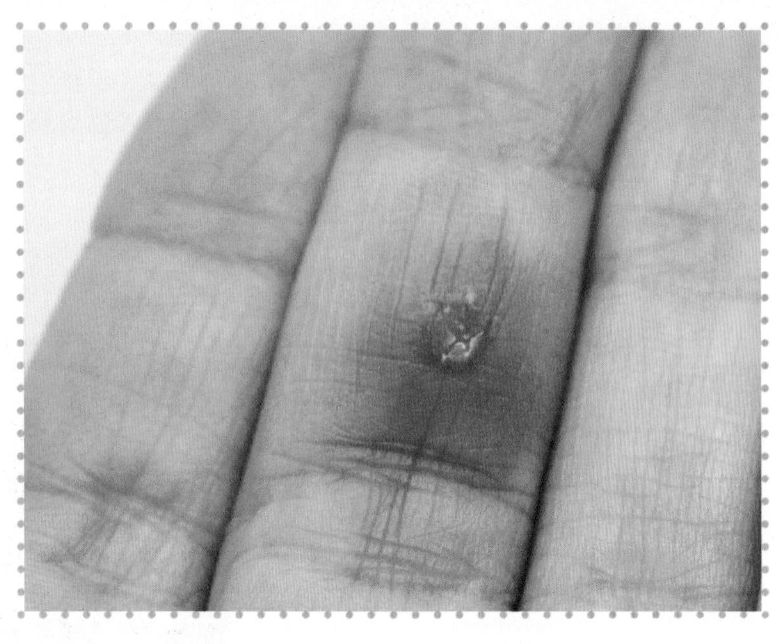

▲ 消毒剂一般用于防止伤口感染细菌或其他微生物。

化学在行动

寻找新药

科学家一直在寻找治疗疾病的新方法。有时，这些科学家与仍在使用传统药物的“药师”一起合作，希望从天然药品中研发出新药。还有一些科学家从世界偏远地区的植物中提取样本，希望能发现新的治疗方法。

▶ 一群科学家在圭亚那收集植物标本。科学家希望这些植物中含有可以治疗疾病的化学成分。

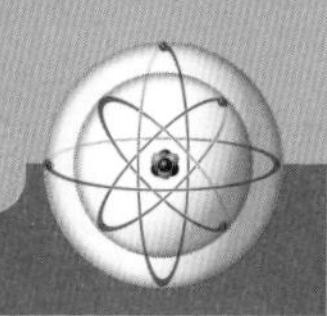

化学在行动

抗菌肥皂

观察很多家用清洁产品的标签，会发现标签上标明清洁产品都有抗菌功效。抗菌是指产品中含有能杀死细菌和真菌等微生物的化学物质。这些产品在厨房里用处很大，可以杀死污染食物的致病有机体。不过科学家担心过度使用清洁剂可能会让细菌对化学物质产生耐药性，这样就需要研发新的化学物质去杀死细菌了。

麻醉药分为三大类：局部麻醉药、区域麻醉药和全身麻醉药。局部麻醉药可以防止神经冲动传递但不会造成意识丧失。有些麻醉药在羧酸的基础上进行研发，羧酸形成的盐叫作酯。普鲁卡因、丁卡因和可卡因等以酯为基础的麻醉剂药效快，但可能引起过敏反应。其他局麻药以酰胺为基础，酰胺中一个醇基被一个氮基取代。酰胺类麻醉药，如利多卡因、普罗卡因、丁哌卡因、左丁哌卡因、罗比卡因和二丁哌因的药效持续时间更长。医生会根据患者的病情来选择合适的局麻药。

麻醉剂

外科手术的另一大进步是麻醉剂的发展。麻醉剂阻断了患者对疼痛和其他感觉的感知，使得手术可以在患者感觉不到任何疼痛的情况下进行。早期的麻醉药包括鸦片、大麻、颠茄和酒精。这些麻醉药能削弱患者对疼痛的感知，但并不能消除痛觉。

1844年，马萨诸塞州总医院一位名叫霍勒斯·韦尔斯的牙医在拔牙前对患者实施了麻醉。他使用的麻醉剂是一氧化二氮，整体麻醉效果很好。两年后，同一家医院的另一位牙医威廉·莫顿在手术前给患者注射了乙醚（$C_4H_{10}O$），患者手术后称感觉不到疼痛。

▶ 医生使用空气和异氟醚（$C_3H_2ClF_5O$）的混合麻醉剂。图片展示的麻醉药是吸入式的，还有些麻醉药是通过静脉注射使用的（通过血液给药）。

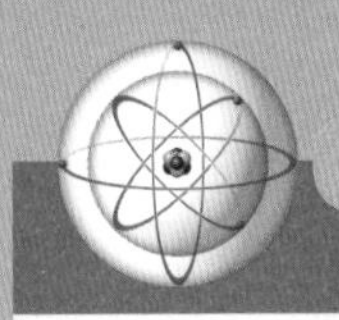

局部麻醉药会影响大部分身体部位，但不会影响大脑。局部麻醉药针对特定神经发挥作用，因此可以阻断患者对手臂或腿等大面积疼痛的感知。

全身麻醉会使人完全失去知觉。全身麻醉需要特殊训练的麻醉师来实施。一般在手术中使用全身麻醉时，会使用许多不同的药物来在患者身上产生预期麻醉效果。

抗生素

医生经常给受细菌感染困扰的患者使用抗生素。抗生素是在不影响患者的情况下减缓细菌传播速度或杀死细菌的药物。抗生素是最大的一类抗菌剂。其他抗菌剂叫作抗病毒药物、抗真菌药、抗寄生虫药，分别可以杀死病毒、真菌和其他寄生虫。

抗生素的作用是针对细菌的特定生化功能发挥作用。例如，抗生素会干扰细菌产生细胞壁蛋白质。因此，细胞壁不能正常形成，细菌就不能繁殖只能死亡。另一种抗生素针对将葡萄糖氧化为能量的生化机制。细菌不能产生能量就会死亡。

抗生素一般来自大自然。1932年，德国化学家格哈德·多马克（1895—1964）合成了一种能杀死细菌的磺胺（一种酰胺）。这种合成药物是第一种磺胺类药物。磺胺容易在实验室里合成，是应用十分理想的药品。第二次世界大战爆发时，士兵分配到了几包磺胺药物，可以撒在伤口上进行治疗。磺胺药物挽救了无数受伤士兵的生命。磺胺类药物可以阻止细菌生长，但一般情况下并不能杀死细菌。20世纪50年代和60年代，磺胺药物大多由生产

▼ 药物有片剂和胶囊等多种剂型（如下图）。还有一些药物是液体的，可以注射或口服。还有一些药物是气态的，比如吸入式麻醉药，气态药物有助于将药物输送到体内具体用药处。

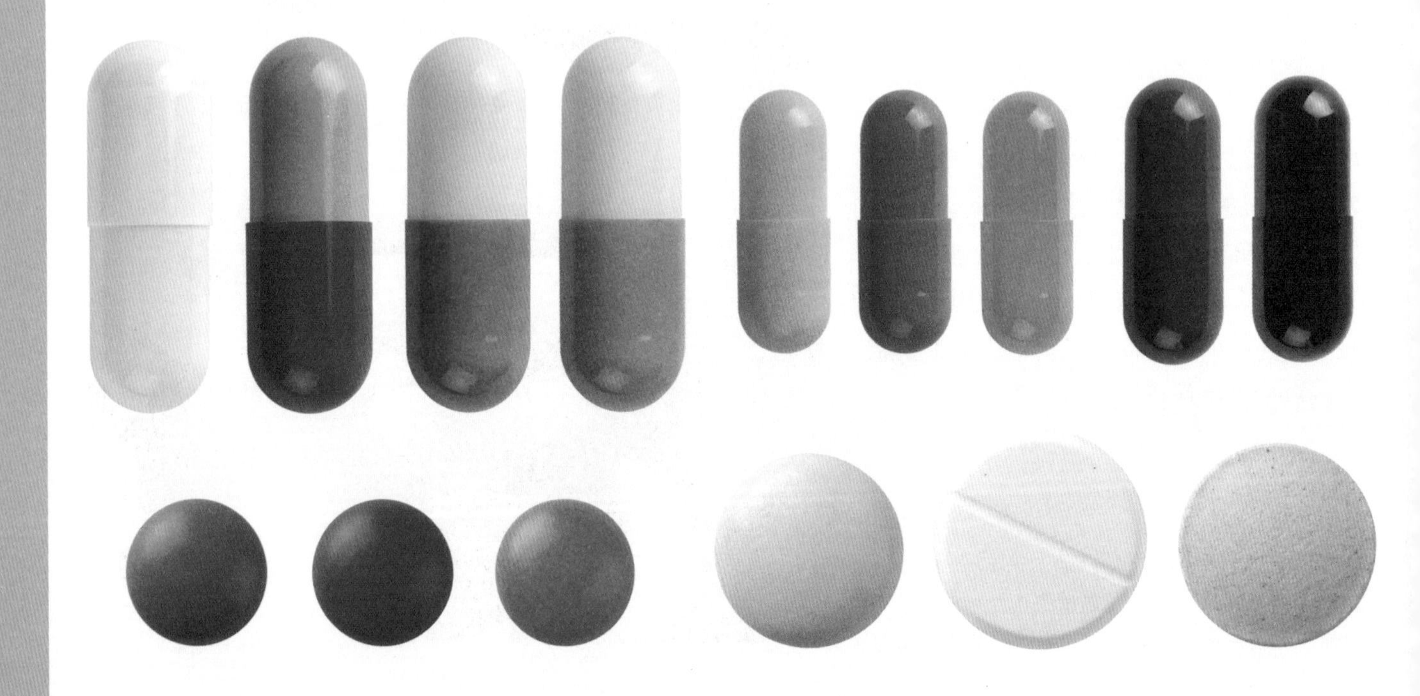

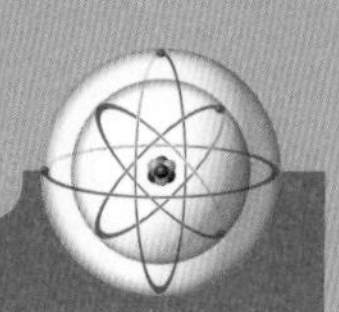

人物简介

亚历山大·弗莱明

亚历山大·弗莱明（1881—1955）是苏格兰生物学家和药理学家，因抗生素研究闻名遐迩。1922年，他从青霉真菌中分离出一种可以杀死细菌的化合物。这一发现纯属偶然。他当时正在研究葡萄球菌，其中一个培养皿感染了青霉菌。他注意到霉菌杀死了培养皿中的细菌。弗莱明的观察和研究工作推动了第一种抗生素青霉素的诞生。

▶ 培养皿中的青霉菌菌落。

▶ 亚历山大·弗莱明是一位杰出的研究者，但他的工作环境不卫生也是出了名的。图为他正在英国伦敦的圣玛丽医院从事细菌培养工作。

成本更低的新型抗生素所取代。磺胺类药物现在仍在使用，但并不常见。

一个与抗生素相关的问题是细菌会对抗生素产生耐药性。换句话说，抗生素对预期要消灭的细菌不再发挥作用。为了改善耐药性，医生限制使用一些抗生素，这样细菌产生耐药性的机会就会减少。科学家还试图开发新型抗生素，但这项工作进展缓慢、流程复杂。一些医生担心他们使用的抗生素不久就会失去药效。

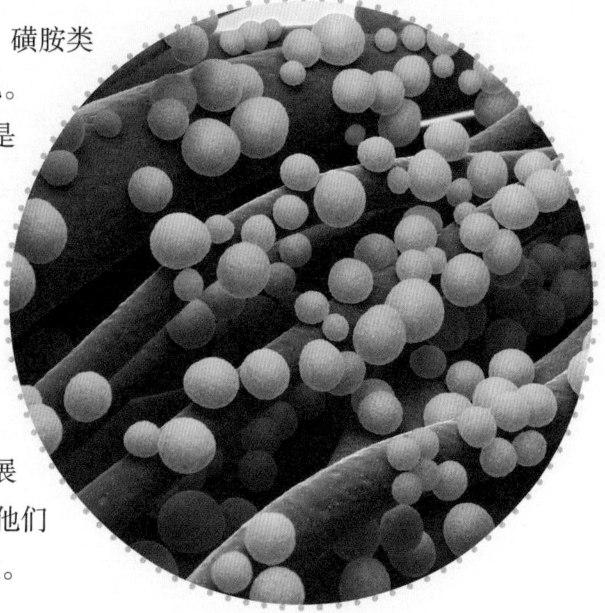

◀ 抗药性金黄色葡萄球菌（MRSA）会引发手术伤口感染，现在对许多抗生素药物都有抗药性。这张照片是其放大了2 000倍后呈现的图像。

▲ 新药都要经过长时间试验，以保证没有不良反应。

现代药理学

药理学是研究药物化学的学科。药理学将化学、生物化学与细胞内生物过程的相互作用联系起来。药理学家研究不同化学物质与细胞过程的相互作用，试图发现新药的研制方法。有益于医疗应用的药物就可以经过许可成为药物。美国食品药品监督管理局负责监督药品许可。

医药行业生产了大量治疗高血压、糖尿病、抑郁症、焦虑、高胆固醇和睡眠障碍等疾病的药物。研制新药成本非常昂贵。药物制造出来就必须进行测试，要确保药物具有疗效，且没有不良副作用。

开发新药需要彻底了解不同分子刺激细胞表面受体从而引起细胞内反应的方法。许多新合成药物含有与人体内物质或已知天然药品相似的化学基团。药理学家利用这些已知的受体位点来寻找附着其上的分子，并在细胞代谢途径上刺激产生预期的效果。一旦测试成功，新药就可能会获得许可。

药理学家必须检查新药的重要特性。首先，医生要观察药物是如何经人体的肠道、皮肤或细胞膜吸收的。接下来，药理学家观察药物如何在体内扩散。下一步是研究药物如何被人体代谢（分解）。之后，药理学家研究药物是如何从体内排出的。最后综合上述信息来决定

关键词

- **麻醉剂**：一种能诱发木僵、昏迷或痛觉麻木的化学制剂。
- **抗生素**：具有抑制和杀灭病原微生物的药物。
- **细菌**：一类个体微小、形态与结构简单、多以二分裂方式进行繁殖的单细胞原核生物。
- **磺胺类药物**：具有对氨基苯磺酰胺结构的人工合成抗菌药物。
- **病毒**：一种个体微小，结构简单，只含一种核酸（DNA或RNA），必须在活细胞内寄生并以复制方式增殖的非细胞型生物。

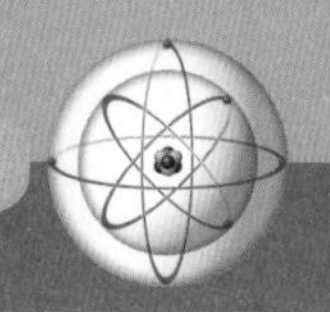

化学在行动

大脑兴奋剂

百忧解是盐酸氟西汀的商品名，在其他国家还有许多不同的商品名。百忧解广泛用于治疗抑郁症、强迫症、暴食症、恐慌症和其他疾病，是在20世纪80年代后期研制的。百忧解现已广泛使用，在治疗临床抑郁症方面功效显著。近期研究表明盐酸氟西汀可能会提升新脑细胞的生成速度。然而百忧解的好处是有代价的。

20世纪90年代末，有人指控百忧解会造成儿童和年轻人自杀率上升。这一指控引起许多诉讼，但都以失败告终。

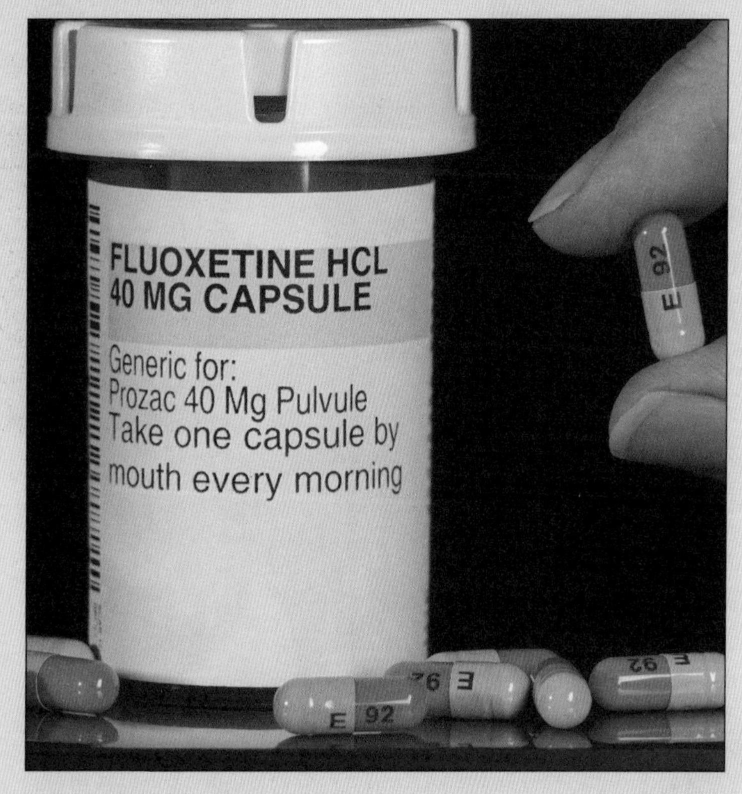

▲ 百忧解是一种广泛使用的抗抑郁药物，但一些人认为百忧解有不良反应，这种药是处方药。

新药的最佳剂量。

药品分为两大类。第一类是非处方药（OTC），成年人可以从药店、药房、加油站和杂货店买到非处方药。非处方药包括阿司匹林、布洛芬等止痛药以及治疗咳嗽、感冒和发烧的药物。

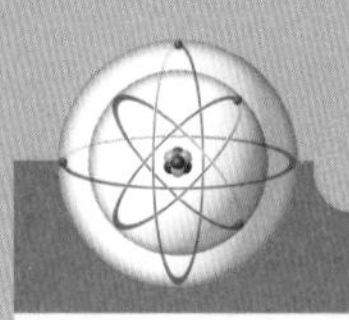

另一类药物是处方药（POM）。处方药销售控制更为严格，必须由医生开处方后才可以去药房购买。处方药包括止痛药和兴奋剂。

▲ 咳嗽药一般是非处方药，用于治疗不需要使用处方药的轻微感冒。

金属在药物中的应用

并非所有药物都是复杂的有机化学品。一些重金属也成功地用于治疗某些疾病。在发现青霉素前，性传播疾病梅毒就是用汞（Hg）或砷（As）来治疗的。水银要么口服、要么涂抹在皮肤上，来杀死梅毒细菌。医生认为这种治疗方法会杀死梅毒，但不幸的是，大量患者最终死于汞中毒。水银的使用一直持续到19世纪中期。

直到20世纪30年代，砷还用于治疗梅毒。后来砷被磺胺类药物取代。砷可以为患者短期“治愈”梅毒症状，但梅毒会经常复发。慢性（长期）或急性（短期）砷中毒的死亡率也很高。医生组合使用砷、汞和铋（Bi）治疗梅毒时效果更佳。

这些治疗方法似乎很原始，但重金属仍在药品中有所使用。金（Au）仍用于治疗类风湿性关节炎，类风湿性关节炎会导致免疫系统攻击人体关节。每周用少许剂量金盐注射进体内，在4～6个月或注射计量累积到1克金后治疗效果才比较显著。这种治疗方法必须持续使用才能保证效果。

▼ 图为砒霜矿石碎片。人们曾使用砒霜治疗梅毒。

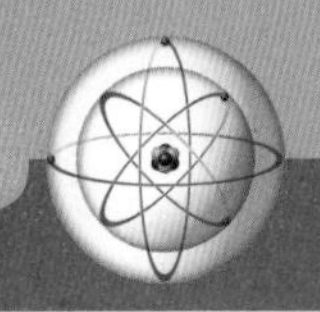

化学在行动

重金属中毒

有时环境中会存在高浓度的汞（Hg）、铅（Pb）和镉（Cd）等重金属。重金属在体内累积到危险水平，人就会得重金属中毒的疾病。症状因特定的重金属和体内含量而异，症状包括呕吐、头痛和出汗。治疗重金属中毒一般采用螯合疗法。给患者服用螯合剂，螯合剂可以吸引重金属。重金属与药剂紧密结合，然后从血液中过滤出来。这种治疗方法过程漫长且痛苦，而且未必能治愈。

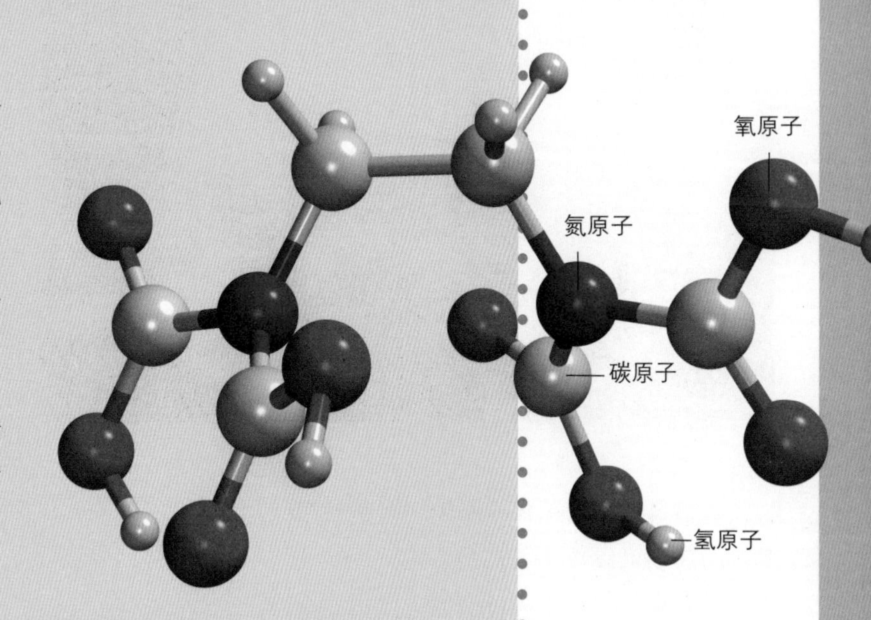

▲ 乙二胺四乙酸（EDTA）是一种螯合剂，有时用于牙科根管治疗，化学式为$C_{10}H_{16}N_2O_8$。

放射性金属也用于制作药品，治疗甲状腺疾病就使用到轻度放射性碘（I）。患者喝下放射性碘，碘就会集中在甲状腺里。

辐射会破坏非癌性结节，这种疗法对治疗甲状腺过度活跃非常有效。优点是放射性碘在短短几天内就会从患者体内排出。

化疗

化疗是一种治疗癌症的方法。癌症是一种不健康细胞侵入破坏健康组织，导致细胞分裂失控的疾病。化疗的目的是针对癌细胞并在不伤害周围健康细胞的情况下摧毁癌细胞。化疗药物通过破坏癌症肿瘤区域的细胞分裂，从而阻止癌症的扩散。

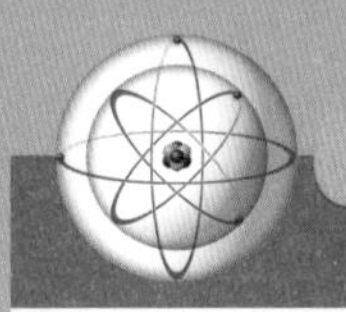

▲ 医生给患者注射抗癌药物。

可惜科学家目前还没有发现任何一种单一的药物可以攻击并摧毁癌细胞。科学家确实发现一些攻击并摧毁癌细胞特定部分的药物。许多化疗会同时使用多种不同的化疗药物。

药物有时会与放射治疗一起使用。向构成癌细胞生物结构的原子发射一束原子粒子，这样会导致异常细胞死亡，肿瘤变小。这种抗癌疗法功效显著。

目前使用的化疗药物多种多样，科学家正努力研制更多的化疗药物，如丝裂霉素C（$C_{15}H_{18}N_4O_5$），顺铂（$C_{12}H_6N_2Pt$）和美法仑（$C_{13}H_{18}Cl_2N_2O_2$）。许多化疗药物是从植物或动物中提取的物质。例如，丝裂霉素C含有薰衣草链霉菌的细菌产物。

化疗药物的剂量必须大到足以影响迅速生长的癌细胞，但不能对患者身体产生危害。医生仔细监测剂量及药物对患者的影响，有些药物可能对患者产生不良影响。有些副作用是特定药物所特有的，而另一些副作用则是大多数化疗药物所共有的。患者在化疗期间常见的副作用有脱发、恶心呕吐、贫血（红细胞减少）以及心脏、肾脏和肝脏等器官损伤。

脱发是最常见的可见副作用。毛囊中的细胞繁殖迅速，抗癌药物攻击快速繁殖的细胞，于是也会攻击毛囊细胞。

一些化疗治疗方法会结合多种药物或快速连续使用几种不同的药物。其他治疗方法旨在减缓癌细胞的生长速度，在手术前清除癌细胞。有时会在手术后再开始治疗来防止癌症复发。有时并不能完全清除癌细胞，这就需要施用化疗药物来减缓癌症蔓延，增加患者的预期寿命。在癌症研究领域的投入相当多，科学

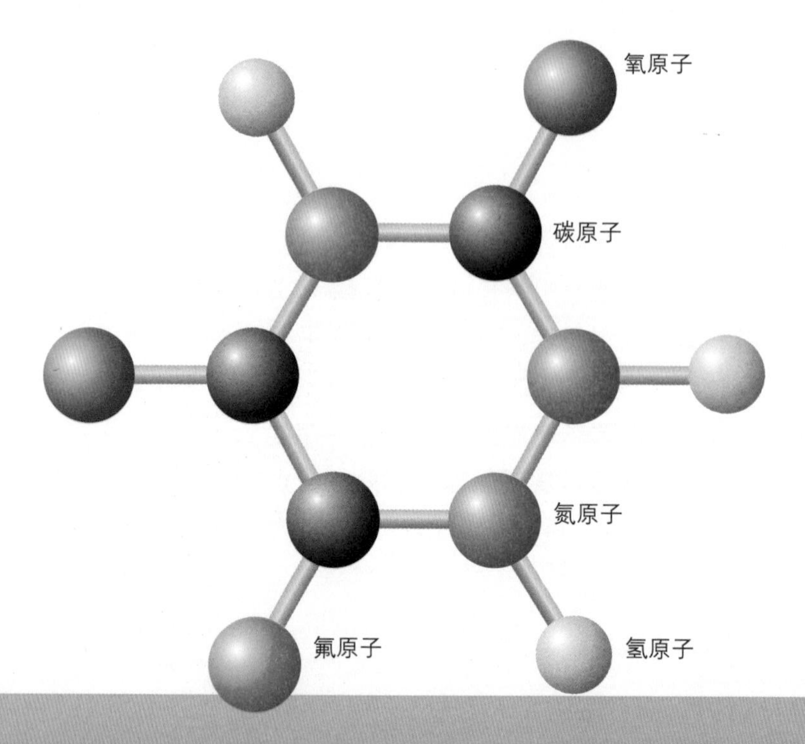

▼ 氟尿嘧啶是一种用于治疗结肠癌的化疗药物。

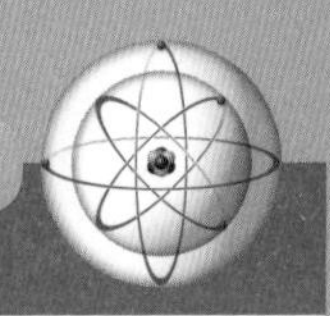

化学在行动

细菌性癌症治疗

化疗药物有时很难进入癌症肿瘤内。一种实验解决方法是使用生物工程细菌来生产和输送药物。所使用的细菌是厌氧菌（厌氧菌生存不需要氧气）。将厌氧菌直接注射到癌细胞生长的地方，厌氧菌在病灶处成长繁殖。厌氧菌不断生长，就会向癌细胞释放化疗药物。

家希望最终能找到治愈所有癌症的新化疗方法。

医学成像

医学成像是使用非侵入性技术，使医生能够观察到身体内部的方法。使用医学成像技术，医生可以发现骨折、内出血等问题，或者观察到癌症肿瘤的生长位置。

放射学或X线成像是最古老的医学成像形式。19世纪末，威廉·伦琴（1845—1923）发现利用X线可以形成骨骼图像。X线是通过向金属钨发射电子流（带负电荷的亚原子粒子）而产生的。电子击中钨原子时，原子深处的一个电子被击走，另一个电子落在它的位置上，就产生了X线波。X线波可以穿过柔软的材料，但骨头会反射X线。摄影胶片可以捕捉骨头反射的射线，然后显影出图像。

▼ 医生可以使用钡灌肠的方法来观察肠道，用硫酸钡来填充大肠，然后拍X线片，此方法可识别憩室病等疾病。

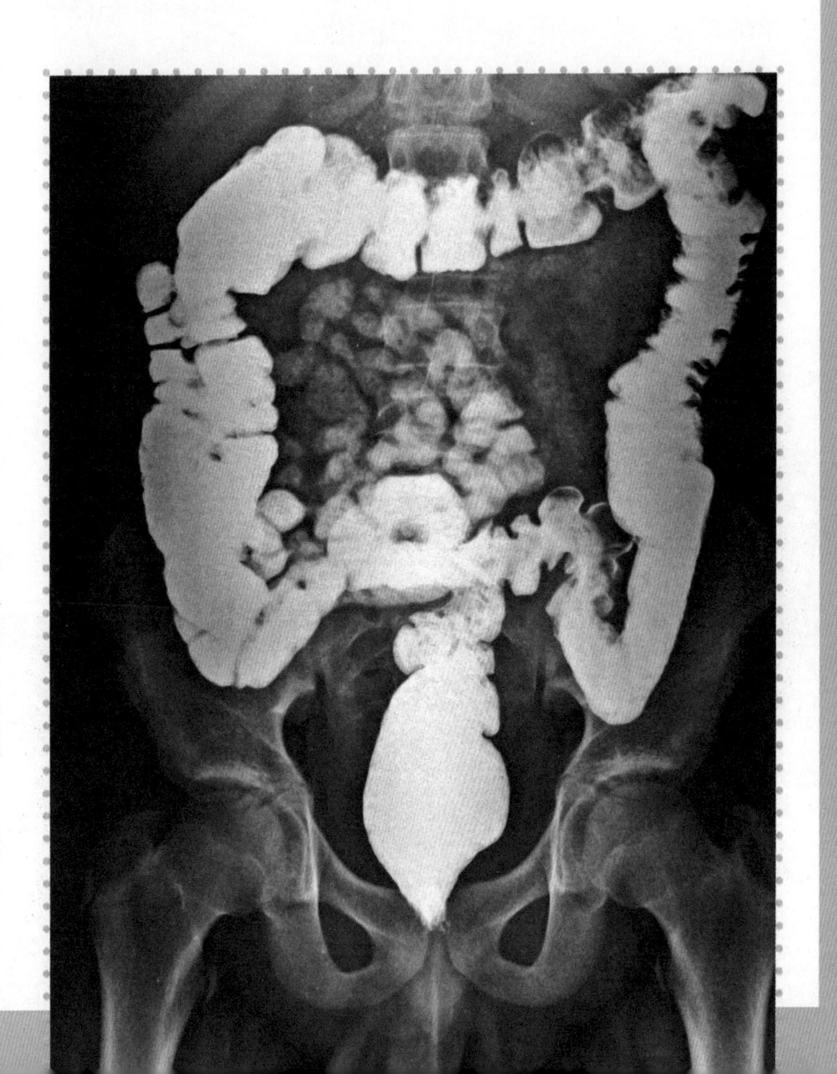

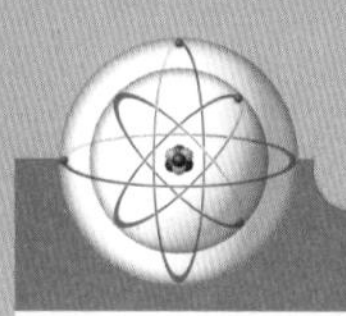

医生通过检查X线片，可以识别骨折位置。X线会穿过身体的软组织，所以不会对软组织成像。但是，如果内部器官中充满了阻止X线穿过的液体，医生就可以进行医学检查。使用的液体通常是硫酸钡（$BaSO_4$）或碘化合物，用于形成血管或部分消化道的图像。

X线还可以用来诊断肺炎、肺癌、肺水肿或肾结石等疾病。X线检查过程简单价格便宜，但还存在其他医学成像技术。

类似的成像技术是计算机断层扫描（CT）。这项技术也利用X线来创建部分身体的薄片图像。然后薄片可以在计算机中组合在一起，形成3D图像。3D图像提供的视野比X线片更广。

▶ 此图为膝盖的磁共振成像。

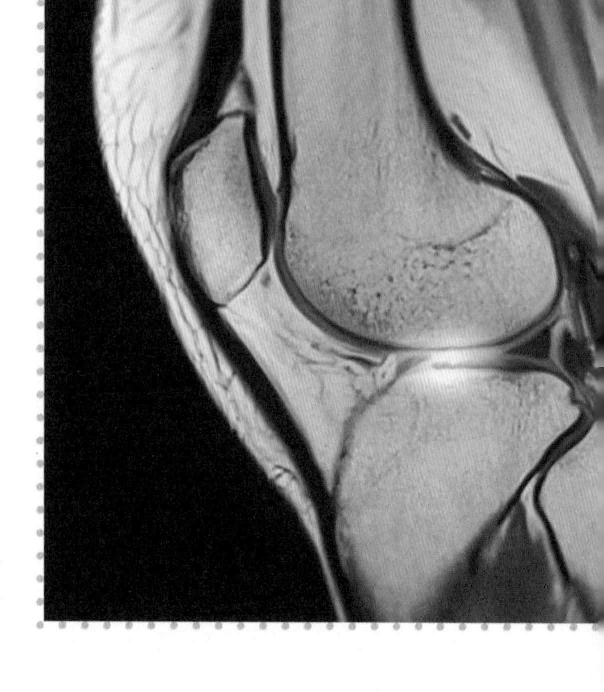

▼ 医生通过观察患者的磁共振成像来发现问题。

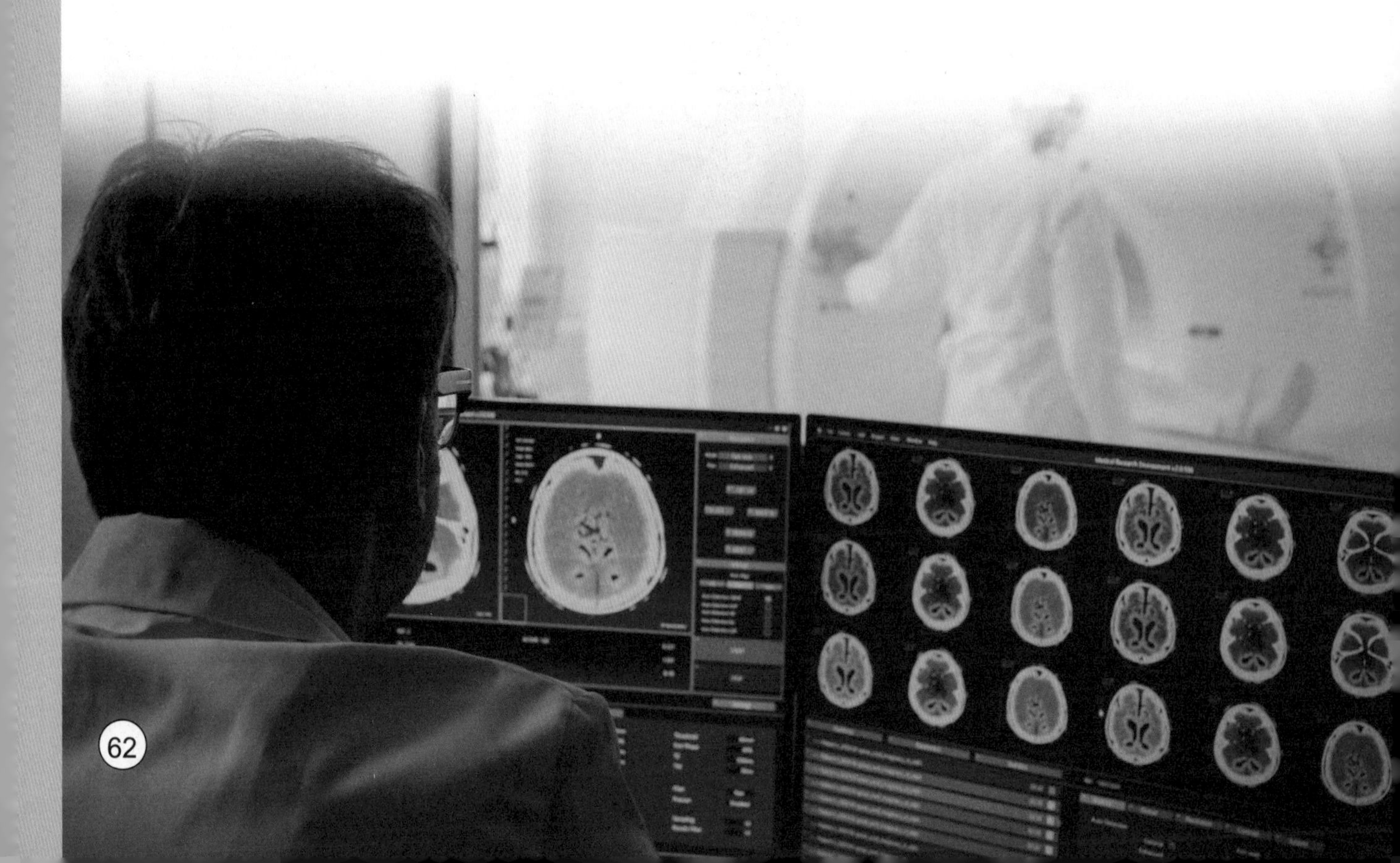

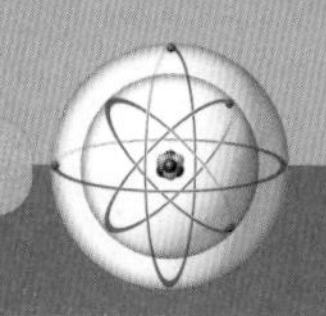

化学在行动

法医化学

许多电影和电视节目中都有展现法医化学及法医化学在破案中发挥的作用。法医化学家大部分时间都在实验室里进行测试。他们使用各种高科技仪器来鉴别化学物质。法医专家还使用聚合酶链式反应复制DNA以制作DNA指纹。法医化学家提供给调查人员的信息一般都很有用。法医化学领域的职业虽然可能不像电影中描绘的那么吸引人，但仍对社会非常有益。法医化学帮助化学家使用最新的技术来侦破案件。

▶ 法医正在检查一个玻璃杯。现代法医化学已成为警察通过鉴定犯罪嫌疑人身上的有机物质来抓捕罪犯的主要工具。

磁共振成像（MRI）是一种强大的医学成像工具，可以帮助医生获得人体内部的3D图像。磁共振成像利用强大的磁场使氢原子吸收特定波长的微波辐射。通过测量吸收的辐射量就可以生成图像。磁共振成像的优点是只能检测到软组织中的氢，而不会检测到骨骼中的氢，所以得到的图像只能显示软组织中的情况。计算机可以将磁共振成像的图像拼接在一起，形成软组织的三维图像。

元素周期表

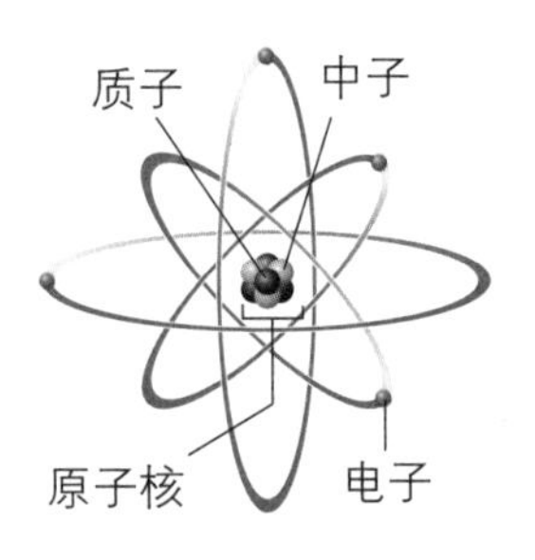

原子结构

元素周期表是根据原子的物理和化学性质将所有化学元素排列成一个简单的图表。元素按原子序数从1到118排列。原子序数是基于原子核中质子的数量。原子量是原子核中质子和中子的总质量。每个元素都有一个化学符号，是其名称的缩写。有一些是其拉丁名称的缩写，如钾就是拉丁名称

33 As 砷 74.92160(2)	
33	原子序数
As	元素符号
砷	元素名称
74.92160(2)	原子量

图例
氢
碱金属
碱土金属
金属
镧系元素

	ⅠA	ⅡA	ⅢB	ⅣB	ⅤB	ⅥB	ⅦB	ⅧB	ⅧB
1	1 H 氢 1.00794(7)								
2	3 Li 锂 6.941(2)	4 Be 铍 9.012182(3)							
3	11 Na 钠 22.989770(2)	12 Mg 镁 24.3050(6)							
4	19 K 钾 39.0983(1)	20 Ca 钙 40.078(4)	21 Sc 钪 44.955910(8)	22 Ti 钛 47.867(1)	23 V 钒 50.9415	24 Cr 铬 51.9961(6)	25 Mn 锰 54.938049(9)	26 Fe 铁 55.845(2)	27 Co 钴 58.933200(9)
5	37 Rb 铷 85.4678(3)	38 Sr 锶 87.62(1)	39 Y 钇 88.90585(2)	40 Zr 锆 91.224(2)	41 Nb 铌 92.90638(2)	42 Mo 钼 95.94(2)	43 Tc 锝 97.907	44 Ru 钌 101.07(2)	45 Rh 铑 102.90550(2)
6	55 Cs 铯 132.90545(2)	56 Ba 钡 137.327(7)	57-71 La-Lu 镧系	72 Hf 铪 178.49(2)	73 Ta 钽 180.9479(1)	74 W 钨 183.84(1)	75 Re 铼 186.207(1)	76 Os 锇 190.23(3)	77 Ir 铱 192.217(3)
7	87 Fr 钫 223.02	88 Ra 镭 226.03	89-103 Ac-Lr 锕系	104 Rf 𬬻 261.11	105 Db 𬭊 262.11	106 Sg 𬭳 263.12	107 Bh 𬭛 264.12	108 Hs 𬭶 265.13	109 Mt 鿏 266.13

镧系元素	57 La 镧 138.9055(2)	58 Ce 铈 140.116(1)	59 Pr 镨 140.90765(2)	60 Nd 钕 144.24(3)	61 Pm 钷 144.91
锕系元素	89 Ac 锕 227.03	90 Th 钍 232.0381(1)	91 Pa 镤 231.03588(2)	92 U 铀 238.02891(3)	93 Np 镎 237.05

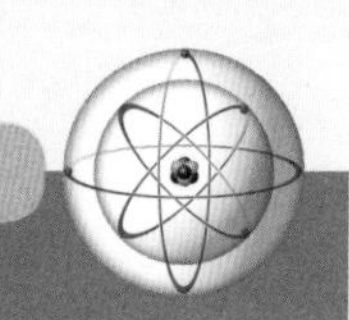

缩写。元素的全称在符号下方标出。元素框中的最后一项是原子量，是元素的平均原子量。

这些排列好的元素，科学家们将其垂直列称为族，水平行称为周期。

同一族中的元素其原子最外层中都具有相同数量的电子，并且具有相似的化学性质。周期表显示了随着原子内外层电子数量的增加逐渐变得稳定。当所有的电子层都被填满（第18族原子的所有电子层都被填满）时，将开始下一个周期。

- 锕系元素
- 稀有气体
- 非金属
- 类金属

ⅧB	ⅠB	ⅡB	ⅢA	ⅣA	ⅤA	ⅥA	ⅦA	ⅧA
								2 He 氦 4.002602(2)
			5 B 硼 10.811(7)	6 C 碳 12.0107(8)	7 N 氮 14.0067(2)	8 O 氧 15.9994(3)	9 F 氟 18.9984032(5)	10 Ne 氖 20.1797(6)
			13 Al 铝 26.981538(2)	14 Si 硅 28.0855(3)	15 P 磷 30.973761(2)	16 S 硫 32.065(5)	17 Cl 氯 35.453(2)	18 Ar 氩 39.948(1)
28 Ni 镍 58.6934(2)	29 Cu 铜 63.546(3)	30 Zn 锌 65.409(4)	31 Ga 镓 69.723(1)	32 Ge 锗 72.64(1)	33 As 砷 74.92160(2)	34 Se 硒 78.96(3)	35 Br 溴 79.904(1)	36 Kr 氪 83.798(2)
46 Pd 钯 106.42(1)	47 Ag 银 107.8682(2)	48 Cd 镉 112.411(8)	49 In 铟 114.818(3)	50 Sn 锡 118.710(7)	51 Sb 锑 121.760(1)	52 Te 碲 127.60(3)	53 I 碘 126.90447(3)	54 Xe 氙 131.293(6)
78 Pt 铂 195.078(2)	79 Au 金 196.96655(2)	80 Hg 汞 200.59(2)	81 Tl 铊 204.3833(2)	82 Pb 铅 207.2(1)	83 Bi 铋 208.98038(2)	84 Po 钋 208.98	85 At 砹 209.99	84 Rn 氡 222.02
110 Ds 钛 (269)	111 Rg 轮 (272)	112 Cn 镉 (277)	113 Uut * (278)	114 Fl 铁 (289)	115 Uup * (288)	116 Lv 鉝 (289)		118 Uuo * (294)

62 Sm 钐 150.36(3)	63 Eu 铕 151.964(1)	64 Gd 钆 157.25(3)	65 Tb 铽 158.92534(2)	66 Dy 镝 162.500(1)	67 Ho 钬 164.93032(2)	68 Er 铒 167.259(3)	69 Tm 铥 168.93421(2)	70 Yb 镱 173.04(3)	71 Lu 镥 174.967(1)
94 Pu 钚 244.06	95 Am 镅 243.06	96 Cm 锔 247.07	97 Bk 锫 247.07	98 Cf 锎 251.08	99 Es 锿 252.08	100 Fm 镄 257.10	101 Md 钔 258.10	102 No 锘 259.10	103 Lr 铹 260.11